通信技术专业职业教育新课改规划教材

电 路 基 础

主　编　程　毅
副主编　李晓慧　李　研
参　编　李艳武　严兴喜　任秀云
　　　　安玉华　杨大秋

机械工业出版社

本书是按照"工学结合、校企合作"人才培养模式编写的模块化教材，本书从课程整体目标培养的角度出发，设计五个学习模块，包括直流电路的认识与应用、单相正弦交流电路的应用、三相正弦交流电路的应用、互感耦合电路的应用和一阶动态电路的分析。每个模块都包括学习目标、任务资讯、计划书、实施表、检查表、评价表和反馈表，每个模块分解成不同的学习任务，使学生在学习任务的完成过程中，系统掌握电路的基本知识和应用。本书还体现了教师的教法和学生的学法，即教师引入学习任务，引导学生学习理论知识和基本操作技能，寻求解决问题的方法，通过资讯、计划、实施、决策、检查和最后交流、评价，使学生的学习能力得到提高。

　　本书可作为职业院校电类专业教学用书，也可作为相关专业培训用书。

图书在版编目（CIP）数据

电路基础/程毅主编. —北京：机械工业出版社，2010.8（2017.1 重印）
通信技术专业职业教育新课改规划教材
ISBN 978-7-111-31560-5

Ⅰ.①电… Ⅱ.①程… Ⅲ.①电路理论—职业教育—教材 Ⅳ.①TM13

中国版本图书馆 CIP 数据核字（2010）第 155635 号

机械工业出版社（北京市百万庄大街 22 号　邮政编码 100037）
策划编辑：梁　伟　　责任编辑：韩　静
版式设计：霍永明　　封面设计：鞠　杨
责任校对：张晓蓉　　责任印制：李　洋
北京瑞德印刷有限公司印刷（三河市胜利装订厂装订）
2017 年 1 月第 1 版第 2 次印刷
184mm×260mm · 11.5 印张 · 268 千字
3001—3800 册
标准书号：ISBN 978-7-111-31560-5
定价：27.00 元

凡购本书，如有缺页、倒页、脱页，由本社发行部调换
电话服务　　　　　　　　　　　网络服务
服务咨询热线：010-88379833　　机 工 官 网：www.cmpbook.com
读者购书热线：010-88379649　　机 工 官 博：weibo.com/cmp1952
　　　　　　　　　　　　　　　教育服务网：www.cmpedu.com
封面无防伪标均为盗版　　　　　金 书 网：www.golden-book.com

前　言

　　本书是按照"工学结合、校企合作"的人才培养模式编写的模块化教材，体现了当前职业教育课程教学内容与课程体系改革思想。编写过程中力求通俗易懂、深入浅出、循序渐进，重在实训技能的培养，可作为各电类专业的教学用书及参加技能鉴定的参考用书。

　　本书通过任务驱动实现对学生实训技能的培养，并带动知识点的学习。全书共设计五个学习模块，分别为直流电路的认识与应用、单相正弦交流电路的应用、三相正弦交流电路的应用、互感耦合电路的应用和一阶动态电路的分析。本书内容着眼于电路的基础性、应用性和先进性，以电路的基本概念、基本理论、技能操作和实训为重点，以够用、实用为原则，增强了本书的活力和生命力。

　　编者对教学组织及实施的主要要求如下：

　　1. 教学实施是行动导向教学方法为主，按学习任务为中心来选择、组织教学内容，并以完成工作任务为主要学习方式的课程模式，教师下达学习任务书进行任务布置，并给出学习任务的评价标准。

　　2. 教学组织时要依据授课班级人数将学生分成苦干个学习小组，以小组形式组织讨论教师下达的学习任务，查找与任务相关的学习资源、制订学习计划、实施学习任务。

　　3. 授课教师要全程关注每一个小组的每一位学生对学习任务的完成情况，提出引导性的意见，激发学生的自主学习热情，培养学生探究式的学习能力。教学过程中学生脑、手并用，迅速理解理论知识，培养学生的自信心与兴趣，提高教学的效率。

　　4. 教学资源可以是教室和实训室等，教师边讲课，边演示，边指导；学生边学习，边动手，边提问，实现理论教学与实践技能培养的融合。

　　5. 完成学习任务后，小组要进行总结汇报演讲，学生进行自我评分及相互评分，教师对学生成果展示情况给出综合评分。

　　本书是由程毅任主编，李晓慧和李研任副主编，参加编写的有李艳武、严兴喜、任秀云、安玉华、杨大秋。

编　者

/目 录/

前言

模块一 直流电路的认识与应用 ………………………………………………… 1

   任务一 电路及其基本物理量的认识 ………………………………………… 2

   任务二 电阻元件的认识 ……………………………………………………… 9

   任务三 电阻的连接 …………………………………………………………… 17

   任务四 电源的介绍与应用 …………………………………………………… 24

   任务五 基尔霍夫定律的介绍与应用 ………………………………………… 31

   任务六 叠加定理和戴维南定理的介绍与应用 ……………………………… 36

   习题一 ………………………………………………………………………… 40

模块二 单相正弦交流电路的应用 …………………………………………… 49

   任务一 正弦量的认识 ………………………………………………………… 50

   任务二 识别正弦交流电路中的元件 ………………………………………… 57

   任务三 阻抗的连接 …………………………………………………………… 77

   任务四 谐振电路的鉴别与应用 ……………………………………………… 89

   习题二 ………………………………………………………………………… 96

模块三 三相正弦交流电路的应用 …………………………………………… 107

   任务一 三相电源的介绍 ……………………………………………………… 108

   任务二 三相负载的连接 ……………………………………………………… 113

   任务三 三相电路的计算 ……………………………………………………… 120

   任务四 安全用电常识 ………………………………………………………… 125

   习题三 ………………………………………………………………………… 128

模块四 互感耦合电路的应用 ………………………………………………… 135

   任务一 磁路的基本知识 ……………………………………………………… 136

   任务二 铁心线圈 ……………………………………………………………… 139

   任务三 互感 …………………………………………………………………… 141

   任务四 变压器 ………………………………………………………………… 145

   习题四 ………………………………………………………………………… 152

模块五 一阶动态电路的分析 ………………………………………………… 159

   任务一 认识电路的过渡过程与换路定理 …………………………………… 160

   任务二 一阶电路的响应 ……………………………………………………… 163

   习题五 ………………………………………………………………………… 171

参考文献 ……………………………………………………………………… 179

模块一

直流电路的认识与应用

  本模块主要学习直流电路中最基本的概念、分析方法及相应的实训任务，包括电路的基本物理量、电路中的常用元件（电阻和电源）和分析电路的基本方法（欧姆定律、基尔霍夫定律、叠加定理和戴维南定理）。同时通过万用表的使用与练习，使学生熟练掌握各种物理量的测量方法。

- 任务一　电路及其基本物理量的认识
- 任务二　电阻元件的认识
- 任务三　电阻的连接
- 任务四　电源的介绍与应用
- 任务五　基尔霍夫定律的介绍与应用
- 任务六　叠加定理和戴维南定理的介绍与应用

任务一　电路及其基本物理量的认识

在电视机、音响设备、通信系统、计算机和电力网络中可以看到各种各样的电路，这些电路的特性和作用各不相同，但是它们的基本组成和分析方法却在本质上是一致的。本任务主要通过介绍电路的基本概念及电路的基本物理量，使学生对电路有一个整体、系统的认识，从而为后续的学习打好基础。

 学习目标

> **知识目标**
> 1. 熟练掌握电路的组成及功能；
> 2. 熟练掌握电路模型及其作用；
> 3. 熟练掌握电路的基本物理量。
>
> **能力目标**
> 1. 能够把实际电路抽象成电路图；
> 2. 能理解电路中电压、电流、电功率的物理意义，并会计算电压、电流、电功率。
>
> **素质目标**
> 培养学生运用逻辑思维分析问题和解决问题的能力，培养学生较强的团队合作意识及人际沟通能力，培养学生良好的职业道德和敬业精神，培养学生良好的心理素质和克服困难的能力，培养学生具有较强的口头与书面表达能力。

学习任务书

学习领域		电　　路	学习小组、人数	第　组、　人
学习情境		简单电路	专业、班级	
任务内容	T1-1	电路的认识		
	T1-2	电路图的认识		
	T1-3	电路基本物理量的认识		
学习目标		1. 熟练掌握电路的组成及功能 2. 熟练掌握电路模型及其作用 3. 熟练掌握电路的基本物理量 4. 能够把实际电路抽象成电路图 5. 能理解电路中电压、电流和电功率的物理意义 6. 会计算电压、电流和电功率		
任务描述		给学生一个具体的实际电路（如手电筒），根据这个实际电路认识电路的基本组成及功能，并能够将此实际电路抽象为电路模型。同时，根据此电路，让学生认识电路中的基本物理量——电流、电压及电功率，理解电路的各个物理量及其之间的联系		

电路基础

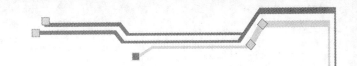

学习领域	电 路	学习小组、人数	第 组、 人
学习情境	简单电路	专业、班级	
对学生的要求	1. 学生必须认识电路的组成 2. 学生必须理解电路的功能 3. 学生必须能够把实际电路抽象成电路图 4. 学生必须理解电路的各个物理量及其之间的联系 5. 会计算电压、电流和电功率 6. 学生必须具有团队合作的精神，以小组的形式完成学习任务 7. 严格遵守课堂纪律，不迟到、不早退、不旷课 8. 学生应树立职业道德意识，并按照企业的质量管理体系标准去学习和工作 9. 本情境工作任务完成后，需提交计划表、实施表、检查表、评价表和反馈表		

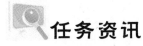 任务资讯

1.1.1 电路的认识

1. 电路的组成

电路就是用导线将电源和负载连接起来的组合，如图 1-1 所示。

电源（或信号源）是将其他形式的能量（或信号）转换为电能（或电信号）的装置。

负载是电路中的各种用电设备，是将电能转换为其他形式能量的装置。

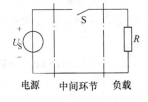

图 1-1　电路的组成

连接电源与负载之间的中间环节为电流提供通路，起着传输电能和控制、保护电路的作用，它包括连接导线、控制元件和保护元件等。

电路分为内电路和外电路。电源内部的电路称为内电路，电源以外的电路称为外电路。

电路的功能与作用：

1）进行能量的传输、转换和分配。

2）进行信号的传递和处理。

例如：电灯将电能转换为光能输出；电动机将电能转换为机械能输出；电视机将接收到的信号，经过处理，转换成图像和声音；扬声器的输入是由声音转换而来的电信号，通过晶体管组成的放大电路，输出放大的电信号，再转换成声音信号输出，从而实现了放大功能。

分析电路的常用方法有测量法和解析法。

2. 电路模型

电路模型是常用理想元件组成的电路。理想元件是仅考虑实际元件的基本物理性质的理想化模型。

基本的理想元件有电阻、电容、电感、电压源和电流源等。

电路图有实物图和原理图，原理图用符号代替元件。

常用的电路理想元件的符号见表1-1。

表 1-1 常用的电路理想元件的符号

名　称	符　号	名　称	符　号
电阻器	R	独立电压源	U_S
可变电阻器	R	独立电流源	I_S
电容	C	电池	E
电感、线圈	L	变压器	T

1.1.2 基本物理量

1. 电量

电量就是电荷的多少，物理符号是 Q、q，单位是库仑，简称库，符号是 C。

2. 电流

（1）电流

电流有两个含义：一是指电路中有流动的电荷，即电荷在电场力的作用下，做有规律的定向运动；二是指电流的强弱，是电流强度的简称。进行电路分析时，我们更注重后者。

单位时间内通过导体横截面的电荷量定义为电流，即

$$i = \frac{\mathrm{d}q}{\mathrm{d}t}$$

大小和方向随时间变化的电流称为交变电流，用小写字母 i 表示。方向不随时间变化的电流称为直流；大小和方向都不随时间变化的电流称为稳恒电流，简称直流，用大写字母 I 表示：

$$I = \frac{Q}{t}$$

电流的单位是安培，简称安，符号是 A。若在 1s（秒）内通过导体横截面积的电荷量是 1C，则电流就是 1A。电流的常用单位还有 kA（千安）、mA（毫安）、μA（微安）、nA（纳安）。换算关系如下：

$1\mathrm{kA} = 10^3 \mathrm{A}$，$1\mathrm{mA} = 10^{-3}\mathrm{A}$，$1\mu\mathrm{A} = 10^{-6}\mathrm{A}$，$1\mathrm{nA} = 10^{-9}\mathrm{A}$。

（2）电流的参考方向

分析电路时，除了要计算电流的大小外，同时还要确定它的方向。习惯上把正电荷运动的方向（或负电荷运动的反方向）作为电流的方向，称为电流的实际方向，简称电流的方向。在简单的直流电路中，我们可以从电源给定的正负极性判断出电流的方向，即电流从电源的正极流出，流入到电源的负极。在交流电路或复杂直流电路中，特别是当电流是未知量时，不容易判断电流的方向。为了进行电路分析，需要引入电流的"参考方向"。

当不知道电流的实际方向时，先任意选取一个方向作为电流的方向并标注在电路图

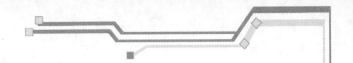

上，然后，按照这个假设的电流方向对电路进行分析计算。这个任意选取的方向就称为电流的参考方向。

若经过电路的分析计算后得出电流为正值，表明所设的电流参考方向与实际方向一致；若计算后电流值为负值，表明二者相反。

图1-2 电流参考方向常用的标注方法

电流的参考方向可以用带箭头的线段表示，并画于导线旁；也可以直接画在导线上，如图1-2所示。这两种标注方法都是常用的。

（3）电流的测量

电流的测量要用到电流表。在测量中电流表要串联在被测电路中，"＋"接电源的正极，"－"接电源的负极，如图1-3所示。

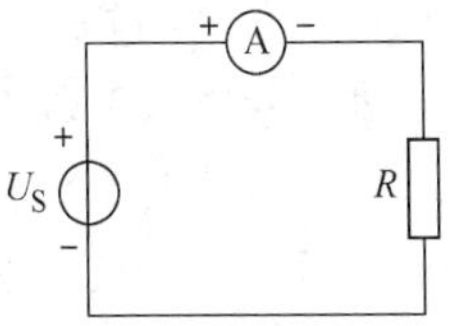

电流表使用的注意事项：

1）粗略估计电路中电流的大小，以便选择电流表的量程。如确定不了，需把电流表量程选为最大档位进行测量，然后根据测量值逐步缩小测量范围。

图1-3 用电流表测量电流示意图

2）测量电流时，如发现表针猛打到头，要立即断开电源，检查原因，以免损坏电流表。

3. 电压

（1）电压

如同水的流动需要水压一样，电荷的流动也需要电压。物理中，将衡量电场力做功本领大小的物理量称为电压。在电路中，我们把电场力将单位正电荷从 a 点移到 b 点所做的功定义为 a、b 两点间的电压，即

$$U_{ab} = \frac{dw_{ab}}{dq}$$

并且规定，电场力移动正电荷做正功的方向为电压的实际方向。

对于稳恒电流

$$U_{ab} = \frac{W}{Q}$$

电压的单位是伏特，简称伏，符号是 V。如果电场力把 1C 电量从点 a 移动到点 b 所做的功为 1J，则 a、b 两点间的电压就是 1V。电压的常用单位还有 kV（千伏）、mV（毫伏）、μV（微伏）。换算关系如下：

$1kV = 10^3 V$，$1mV = 10^{-3} V$，$1\mu V = 10^{-6} V$。

（2）电压的参考方向

复杂电路中，电压的实际方向也是很难判定的。和对待电流一样，在所研究的电路两点之间任意选定一个方向作为电压"参考方向"。在假设的电压参考方向下，若经计算得出电压为正值，表明所设参考方向与实际方向一致，得出负值则表明相反。

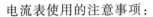

电压参考方向的标注方法：

1) 以正负号表示电压，正为高电位，负为低电位。这是常用的方法，如图1-4a所示。

2) 用有向线段表示电压，箭头从高电位指向低电位，如图1-4b所示。

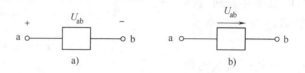

图1-4 电压参考方向的标注方法

对一个元件或一段电路上的电压参考方向和电流参考方向可以独立地任意选定。若电压和电流的参考方向相同，则把电压和电流的这种方向称为关联参考方向；否则称为非关联参考方向，如图1-5所示。

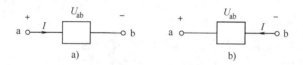

图1-5 关联和非关联参考方向
a) 关联参考方向 b) 非关联参考方向

(3) 电位

某点的电位就是该点到参考点的电压。用字母 V 表示。其中，参考点是任选的，在电工技术中，通常以与大地连接的点作为参考点；在电子线路中，通常以公共的接机壳点作为参考点。电路图中常用"⏚"表示。

电位的单位与电压的单位一致，也是伏（V）。

可见，若选定参考点（如O点），则A点的电位为

$$V_A = U_{AO}$$

参考点的电位规定为零，因而电位有正、负之分。低于参考点的电位为负电位，反之为正电位。如果已知A、B两点的电位分别为 V_A、V_B，则此两点间的电压为

$$U_{AB} = U_{AO} - U_{BO} = V_A - V_B$$

可见，两点间的电压就等于这两点的电位差，所以，电压又叫电位差。电压的实际方向规定为由高电位点指向低电位点。

在电路中不指明参考点而谈电位是没有意义的。至于选哪一点作为参考点要视分析问题的方便而定。需要指出的是：电路中的参考点可以任意选取，但同一电路中只能选一点作为参考点。参考点一经选定，电路中其他各点的电位也就确定了。当所选参考点变动时，电路中其他各点的电位将随之变化，但任意两点间的电压是不变的。

在电路中，要求得某一点的电位，必须在电路中选择一个参考点作为零电位点。要计算某点电位可从这一点通过一定的路径到零电位点。对于电阻两端的电压，如果在绕行过程中是从高端到低端，则此电压取正值，反之，取负值。

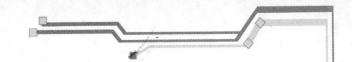

计算电路中某点电位的步骤：

1）任选电路中某一点为参考点（常选大地为参考点），设其电位为零。

2）标出各电流参考方向并计算。

3）计算各点至参考点间的电压，即为各点的电位。

若某点电位为正，说明该点电位比参考点高；反之，该点电位比参考点低。

做电压的测量时，将电压表并联在被测电路两端，"＋"接在电源的正极，"－"接在电源的负极，如图 1-6 所示是测量 R_2 两端电压的接法。

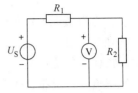

图 1-6　测量电压示意图

4. 电动势

电动势是指电源提供电压的能力。在电源内部，非静电力克服电场力把正电荷由低电位点移到高电位点做功，对外电路提供电压。

电动势的符号用 e 或 ε，单位与电压相同，为伏（V）。

电动势与电压的区别：

1）电动势与电压具有不同的物理意义。电动势表示非电场力（外力）做功的本领，而电压则表示电场力做功的本领。

2）电动势与电压方向不同。电动势的实际方向是由电源负极指向正极，即从低电位到高电位，即电位升的方向。而电压的方向是由高电位到低电位，即电位降的方向。当然，在电路中标出的方向都是参考方向。

3）电动势仅存在于电源内部，而电压不仅存在于电源两端，也存在于电源外部。

5. 电功率和电能

（1）电功率

电功率是单位时间内电路吸收或发出电能的速率，简称功率，用 P 或 p 表示。习惯上把吸收或发出电能说成吸收或发出功率。

电功率的单位是瓦特，简称瓦（W）。电功率的常用单位还有 kW（千瓦）、mW（毫瓦）。换算关系如下：$1\text{kW} = 10^3\text{W}$，$1\text{mV} = 10^{-3}\text{W}$。

在电压和电流选为关联参考方向的情况下，如图 1-7a 所示，视为正电荷由高电位端移向低电位端，电场力做正功，电路吸收功率，其值为正，计算公式为

$$p = \frac{\mathrm{d}w}{\mathrm{d}t} = \frac{\mathrm{d}w}{\mathrm{d}q} \times \frac{\mathrm{d}q}{\mathrm{d}t} = ui$$

在直流情况下：$P = UI$。

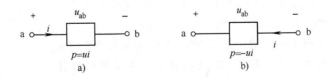

图 1-7　电功率的计算

a）关联参考方向　b）非关联参考方向

若电压和电流选为非关联参考方向，如图 1-7b 所示，电路发出功率，其值为负。功率的计算公式为

$$p = -ui$$

在直流情况下：$P = -UI$。

在计算时要注意：应根据电压和电流的参考方向是否关联，选用相应的功率计算公式，再代入相应的电压、电流值。另外，u、i 值可以为正，也可以为负。即要注意到，公式有正负号，电量值也有正负号。若算得电路的功率为正值，则表示电路在吸收功率，否则为发出功率。

（2）电能

在电源内部，外力不断地克服电场力对电荷做功，电荷在电源内部获得了能量，把非电能转化成电能。在外电路中，电荷在电场力的作用下，不断地通过负载放出能量，把电能转换成其他形式的能量。

由此可见，在电路中电荷只是一种转化和传输能量的媒介物，电荷本身并不产生或消耗任何能量。通常所说的用电，就是针对使用电荷所携带的能量而言。

在 t_0 到 t 的一段时间内，电压与电流取关联参考方向，电路消耗的电能为

$$w = \int_{t_0}^{t} p\,\mathrm{d}t = \int_{t_0}^{t} ui\,\mathrm{d}t$$

在直流电路中，电压、电流和功率均为恒定值，则

$$W = P(t - t_0) = UI(t - t_0)$$

当选择 $t_0 = 0$ 时，$W = Pt = UIt$。

电能的单位是焦耳，简称焦，符号为 J。功率为 1W 的用电设备在 1s 时间内所消耗的电能为 1J。

实际应用中，供电部门是按照"度"（即千瓦时）来收取电费的，功率为 1kW 的用电器工作 1h，所消耗的电能即为 1 度（kW·h），即

$$1\mathrm{kW \cdot h} = 1000\mathrm{W} \times 3600\mathrm{s} = 3.6 \times 10^6 \mathrm{J}$$

【例题 1-1】 如图 1-8 所示，已知元件吸收的功率为 −20W，电压 $U = 5\mathrm{V}$，求电流 I。

解：图 1-8 中元件两端的电压、电流为关联参考方向，显然是假想为一个负载。关联参考方向下电流为

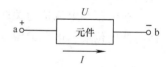

图 1-8　例题 1-1 图

$$I = \frac{P}{U} = \frac{-20}{5}\mathrm{A} = -4\mathrm{A}$$

电流得负值，说明通过元件中的电流的实际方向与参考方向相反，因此该元件实际上是一个电源。

【例题 1-2】 如图 1-9 所示，若已知元件中通过的电流 $I = -100\mathrm{A}$，元件两端电压 $U = 10\mathrm{V}$，求电功率 P，并说明该元件是吸收功率还是发出功率。

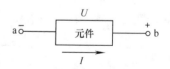

图 1-9　例题 1-2 图

解：图 1-9 中元件上的电压与电流为非关联参考方向，在非关联参考方向下显然是把

元件假想为一个电源，因此元件发出的功率为

$$P = UI = 10 \times (-100)\,\text{W} = -1000\,\text{W}$$

元件发出负功率，实际上是吸收功率，因此图1-9中元件实际上是一个负载。

 ## 练习与思考

1. 为什么要规定电流、电压的参考方向？什么是电流与电压的关联参考方向？

2. 在关联参考方向下，某一电路元件上的电压和电流分别为 $u = 12\text{V}$，$i = -2\text{A}$，求该元件的功率，并说明它是吸收还是发出功率。

3. 电压、电位、电动势有何异同？

4. 填写表1-2。

表1-2　基本物理量的认识

物 理 量		单 位		定 义 式
名　称	符　号	名　称	符　号	
电量	Q、q	库（仑）	C	
电流				$i = \dfrac{\text{d}Q}{\text{d}t}$
电压				
电动势				
电功率				
电能				

5. 电路的主要作用有哪两项？

6. 当一个元件的电流是从其电压的"＋"极流向"－"极时，电压和电流是取关联参考方向吗？

任务二　电阻元件的认识

　　电阻元件是一种最常见的电路元件。在某些特定的场合，电阻元件又有其特殊的用途，如利用某些材料的电阻值随温度变化的特性，人们通过测量电阻阻值来测量温度，通过测量电阻应变片的阻值来得到物体因受热而发生应变的程度等。因而掌握电路元件的特性是研究电路的基础，本次任务介绍最基本的无源元件——电阻元件。

模块一　直流电路的认识与应用

学习目标

➘ **知识目标**

1. 理解电阻的定义和性质；
2. 理解电导的意义；
3. 熟练掌握欧姆定律的意义、公式和应用；
4. 熟练掌握常用电阻器元件的分类；
5. 熟练掌握电阻器的标称系列。

➘ **能力目标**

1. 能依据常用电阻器元件的分类，识别实际电阻的材质；
2. 能灵活运用欧姆定律；
3. 能依据电阻器的标称系列，识别实际电阻阻值和偏差。

学习任务书

学习领域		电　路	学习小组、人数	第　组、　人
学习情境		电阻元件	专业、班级	
任务内容	T2-1	认识电阻元件		
	T2-2	测试电阻元件参数		
	T2-3	掌握欧姆定律的意义、公式和应用		
	T2-4	能鉴别电阻器的标称系列		
学习目标	1. 能依据常用电阻器元件的分类，识别实际电阻的材质 2. 能灵活运用欧姆定律 3. 能依据电阻器的标称系列，识别实际电阻阻值和误差			
任务描述	给学生若干个电阻元件，让学生认识电阻元件的外形、材质和分类，并能够对电阻元件的参数进行测量。然后，将电阻元件放到具体的电路中，让学生理解欧姆定律的意义，并能够应用欧姆定律进行电路的分析和计算			
对学生的要求	1. 学生必须认识电阻元件 2. 学生必须理解电阻元件的功能 3. 学生必须能够熟练的对电阻元件的参数进行测量 4. 学生必须掌握欧姆定律的意义、公式和应用 5. 学生必须具有团队合作的精神，以小组的形式完成学习任务			

 任务资讯

1.2.1 电阻与电阻定律

　　电阻有两个含义，一是表征导体对电流的阻碍作用，这是在电路分析中的含义；二是电阻元件的简称，电阻及电阻元件的符号都是 R。

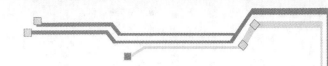

电阻的单位：欧姆，简称欧（Ω）。若导体两端所加的电压为1V，通过的电流为1A，那么该导体的电阻就是1Ω，电阻的常用单位还有kΩ（千欧）、MΩ（兆欧）。换算关系如下：$1k\Omega = 10^3\Omega$，$1M\Omega = 10^3 k\Omega = 10^6\Omega$。

实验证明，导体的电阻跟导体的电阻率、导体的长度成正比，跟导体的横截面积成反比，称为电阻定律。即

$$R = \rho\frac{L}{S}$$

式中　R——导体的电阻，单位为Ω；

L——导体的长度，单位为m；

S——导体的横截面积，单位为m^2；

ρ——导体的电阻率，单位为Ω·m。

电阻率ρ是导体自身的属性，表示长度为1m、横截面积为$1m^2$的导体在一定温度下的电阻值，其单位为Ω·m（欧·米）。

如果导体电阻值的大小仅取决于材料本身的性质，而与加在它两端的电压和通过它的电流无关，则这样的电阻元件称为线性电阻元件，否则称为非线性电阻元件。

导体电阻的大小除了与本身因素（长度、截面积、材料）有关以外，还受其他因素的影响。温度是这些因素中最重要的一个。实验表明，当导体的温度发生变化时，它的电阻值也随着变化。不同的材料，当温度升高时，电阻变化的情况不同，若电阻值随温度的升高而增加，则称为正温度系数材料，否则称为负温度系数材料。一般情况下，我们研究的电阻元件都是恒值电阻。

1.2.2　欧姆定律

欧姆定律反映流过线性电阻的电流与该电阻两端电压之间的关系，是电路分析中最重要的基本定律之一。

欧姆定律：流过线性电阻R的电流i与作用其两端的电压u成正比，比例系数就是R。

当线性电阻上的电压与电流取关联参考方向时，如图1-10a所示，有

$$u = Ri$$

直流时，$U = RI$。

当线性电阻上的电压与电流取非关联参考方向时，如图1-10b所示，有

$$u = -Ri$$

图 1-10　欧姆定律

a）关联参考方向　b）非关联参考方向

直流时，$U = -RI$。

电导：表征导体对电流的导通作用，与电阻互为倒数。电导及电导元件用G表示，即

$$G = \frac{1}{R}$$

电导的单位是西门子，简称西，符号为S。

【例题 1-3】 有一个量程为 300V 的电压表，它的内阻是 40kΩ，用它测量电压时，允许流过的最大电流是多少？

解：由 $I = \dfrac{U}{R}$ 得

$$I = \frac{300}{40 \times 10^3}A = 7.5 \times 10^{-3}A = 7.5mA$$

1.2.3　实训：常用电阻器元件的识别

1. 碳膜电阻（RT）

利用沉积在瓷棒或瓷管上的碳膜作为导电层，通过改变碳膜的厚度和长度，可以得到不同的阻值，碳膜电阻误差较大，但价格较低。阻值范围是 0.25 ~ 10Ω。

2. 金属膜电阻（RJ）

在真空中加热合金，合金蒸发，使瓷棒表面形成一层导电金属膜。刻槽和改变金属膜厚度可以控制阻值。这种电阻和碳膜电阻相比，体积小、噪声低、稳定性好，但成本较高。阻值范围是 0.5 ~ 2Ω。

3. 氧化膜电阻（RY）

将锑和锡等金属盐溶液喷雾到炽热（约 550℃）的陶瓷骨架表面上沉积后制成。它与金属膜电阻相比，具有阻燃、导电膜层均匀、膜与骨架基本体结合牢固、抗氧化能力强等优点。阻值范围是 0.25 ~ 2Ω。

4. 线绕电阻（RX）

用康铜或者镍铬合金电阻丝在陶瓷骨架上绕制而成。这种电阻分固定式和可变式两种。它的特点是工作稳定，耐热性能好，误差范围小，适用于大功率的场合，额定功率一般在 1W 以上。阻值范围是 2 ~ 25Ω。

1.2.4　实训：特殊电阻器元件的识别

1. 熔断电阻

熔断电阻又称为熔丝电阻，是一种具有电阻和熔丝双重功能的元件。熔断电阻大多为灰色，用色环或数字表示电阻值，额定功率由电阻尺寸大小所决定。在正常情况下使用时，它具有普通电阻器的电气特性；一旦电路发生故障，流过的电流过大时，熔断电阻就会在规定的时间内熔断，从而起到保护其他重要元器件的作用。

目前国内外一般采用的是不可修复（一次性）熔断电阻，其额定功率有 0.25W、0.5W、1W、2W 和 3W 等规格，阻值可做到 0.22Ω ~ 5.1kΩ。熔断电阻的电路符号如图 1-11a所示。熔断电阻的外形有圆柱形、长方形等，如图 1-11b 所示。

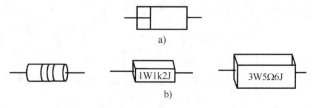

图 1-11　熔断电阻的电路符号和外形
a）符号　b）外形

2. 有机实心电阻器

有机实心电阻器是把颗粒状导电物、填充料和黏合剂等材料混合均匀后热压在一起，然后装在塑料壳内组成的电阻器（见图1-12），它的引线压塑在电阻体内，由于这种电阻器导体截面积较大，因此具有很强的过负荷能力，且可靠性高、价格低，但其主要缺点是精度低。这种电阻器一般用在负载不能断开且工作负荷较大的地方，如音频输出接扬声器的电路（见图1-13）及作为彩色电视机输出接显像管阴极间串联的电阻。

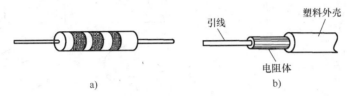

图 1-12　有机实心电阻器电路
a）外形　b）结构

3. 水泥电阻器

水泥电阻器是陶瓷绝缘功率型线绕电阻，按功率可分为 2W、3W、5W、7W、8W、10W、15W、20W、30W 和 40W 等规格。水泥电阻具有功率大、阻值稳定、阻燃性好和绝缘性能强的特点，它在电路过流的情况会迅速熔断，以保护电路，但价格相对较高，其外形如图1-14 所示。

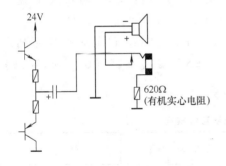

图 1-13　有机实心电阻器应用电路

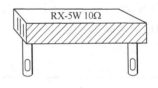

图 1-14　水泥电阻器外形示意图

4. 敏感电阻器

敏感电阻器是指受温度、湿度、光通量、气体通量、磁通量和机械力等外界因素表现敏感的电阻器。这类电阻既可以作为把非电量信号变为电信号的传感器，也可以完成电路的某种功能，如今它在工业自动化、智能化和日常生活中被广泛应用。常用的敏感电阻器有热敏电阻器、压敏电阻器、光敏电阻器和温敏电阻器，今后的学习中将会逐步涉及。下面介绍热敏电阻。

热敏电阻的基本特点是电阻阻值随温度变化而发生显著变化。热敏电阻一般分为两类：一种为阻值随温度升高而增加的热敏电阻，被称为正温度系数热敏电阻（用字母 PTC 表示）；另一种阻值随温度升高而减小的热敏电阻称为负温度系数热敏电阻（用字母 NTC 表示）。热敏电阻的外形和符号如图1-15 所示。

热敏电阻标称的阻值一般是指 25℃条件下的阻值。判断其对热能是否敏感，一般检测

模块一　直流电路的认识与应用

方法是用万用表电阻档测量热敏电阻的阻值，然后把烧热的电烙铁靠近被测电阻，看阻值是否产生变化，如果变化较明显，则说明此电阻较敏感，如图1-16所示。

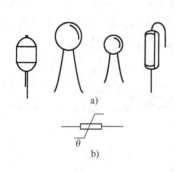

图 1-15　热敏电阻的外形和符号
a) 外形　b) 符号

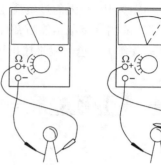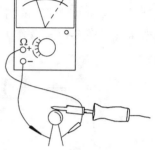

图 1-16　用万用表测量热敏电阻

1.2.5　鉴别电阻器的标称系列

　　电阻器规格的要求是没有限制的，但工厂生产的电阻器不可能满足使用者对电阻器的所有要求。一般是在一定的范围内选择合适的电阻器，就需要按一定的规律科学地设计其阻值，同时亦便于厂家生产。

　　通过数学分析，电阻器的标称阻值包括 E6、E12、E24、E48、E96 和 E192 系列，它们分别适用于允许偏差为 ±20%（M）、±10%（K）、±5%（J）、±2%（G）、±1%（F）和 ±0.5%（D）的电阻器，见表1-3。

表 1-3　普通电阻器的标称阻值系列

允许偏差（%）	文字符号	允许偏差（%）	文字符号
±0.001	Y	±0.5	D
±0.002	X	±1	F
±0.005	E	±2	G
±0.01	L	±5	J
±0.02	P	±10	K
±0.05	W	±20	M
±0.1	B	±30	N
±0.25	C	—	—

电路基础

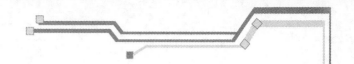

1. 文字符号法

文字符号法是用阿拉伯数字和文字符号两者有规律的组合来标称阻值，其允许偏差也用文字符号表示，如图1-17所示。

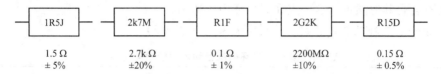

| 1R5J | 2k7M | R1F | 2G2K | R15D |
| 1.5 Ω
± 5% | 2.7kΩ
±20% | 0.1 Ω
± 1% | 2200MΩ
±10% | 0.15 Ω
± 0.5% |

图 1-17 文字符号法举例

表示电阻单位的文字符号见表1-4。

表 1-4 电阻单位的文字符号

文 字 符 号	所表示单位
R	欧姆（Ω）
k	千欧姆（10^3Ω）
M	兆欧姆（10^6Ω）
G	吉欧姆（10^9Ω）
T	太欧姆（10^{12}Ω）

2. 数码法

数码法用三位阿拉伯数字表示，前两位表示阻值的有效数，第三位数表示有效数后面零的个数。当阻值小于10Ω时，以XRX表示（X代表数字），将R看作小数点，如图1-18所示。

| 103 | 221 | 8R2 | 100 | 470 |
| 10000Ω | 220Ω | 8.2Ω | 10Ω | 47Ω |

图 1-18 数码法举例

3. 色环法

色环法不是随便规定的，这个方法是科学的、严谨的，非常值得一学。同学们今后会知道，它实际上是数学方法的演绎和变通；它和10的整数幂、乘方的指数具有密切的逻辑关系；它是国际上通用的科学计数法的"色彩化"。因此，同学们今后深入学习下去，你一定会体会到，这个方法既十分美妙，又十分巧妙！

目前，电子产品广泛采用色环电阻，其优点是在装配、调试和修理过程中，不用转动元件，即可在任意角度看清色环，读出阻值，使用方便。一个电阻色环由四部分组成（不包括精密电阻），四部分就是"四个色环"。"四色环电阻"就是指用四条色环表示阻值的电阻。从左向右数，第一、二环表示两位有效数字，第三环表示数字后面添加"0"的个数，代表倍率。第四环代表误差。所谓"从左向右"，是指从电阻的第一环至第四环——

四条色环中，有三条相互之间的距离靠得比较近，而第四环距离稍微大一点。但是，现在的电阻产品，要区分色环距离的大小的确很困难，哪一环是第一环，往往凭借经验来识别；对四色环而言，还有一点可以借鉴，那就是：四色环电阻的第四环，不是金色，就是银色，而不会是其他颜色（这一点在五色环中不适用）。

（1）第一、二环的颜色和数字的对应关系（见表1-5）

表1-5　第一、二环的颜色和数字的对应关系

颜　色	棕	红	橙	黄	绿	蓝	紫	灰	白	黑
数　字	1	2	3	4	5	6	7	8	9	0

（2）第三环的颜色和数字的对应关系（见表1-6）

表1-6　第三环的颜色和数字的对应关系

颜　色	金	黑	棕	红	橙	黄	绿	蓝
数量级	10^{-1}	10^0	10^1	10^2	10^3	10^4	10^5	10^6

从数量级来看，可把它们划分为三个大的等级，即金、黑、棕色是欧姆级的；红是千欧级的；橙、黄色是十千欧级的；绿是兆欧级的；蓝色则是十兆欧级的。这样划分便于记忆。

（3）第四环颜色和数字的对应关系（见表1-7）

表1-7　第四环的颜色和数字的对应关系

颜　色	金	银	无色
数　字	5%	10%	20%

下面举例说明：

例1：四个色环依次是黄、橙、红、金色时，因第三环为红色、阻值范围是几点几 kΩ 的，按照黄、橙两色分别代表的数4和3代入，则其读数为4.3kΩ。第四环是金色表示误差为5%。

例2：当四个色环依次是棕、黑、橙、金色时，因第三环为橙色，第二环又是黑色，阻值应是整几十 kΩ 的，按棕色代表的数1代入，读数为10kΩ。第四环是金色，其误差为5%。

例3：当四个色环依次是橙、灰、金、金色时，阻值是3.8Ω。

1.2.6　电阻参数及性能测试

测试线性电阻元件的伏安特性，按图1-19连接，图中 $U_S = 10V$，电阻 $R = 1kΩ$，将测试结果记录下来，并画出伏安特性曲线。

若利用实验箱连接电路，要在确保连接线导通时再连电路（在以后的实验中，都如此）。测量电压和电流要用两次万用表。先调到相应的电压，再测对应的

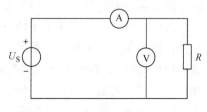

图1-19　测试线性电阻

电流，得到一组数据，然后再调整电压，测下一组数据。

第一组数据的电流值约在 0.5mA 左右，若数值误差较大，请检查电压值。

练习与思考

1. 有时欧姆定律可写成 $u = -iR$，说明此时电阻值是负的，对吗？

2. 实际电阻元件有几种标注方式？举例说明。

3. 有一个量程为 300mA 的电流表，它的内阻是 40Ω，用它测量电流时，其两端的最大电压是多少？

4. 请说出日常生活中常用的电阻模型及其标注方法。

5. 电阻和电导是什么关系？

任务三　电阻的连接

在对电路进行分析和计算时，有时可以把电路中某一部分简化，即在保证对外电路的伏安关系不变的情况下，用一个较为简单的电路替代原电路，这种方法称为电路的等效变换法。等效变换是电路分析的一个最基本的方法，几乎贯穿于整个电路分析的始末。本任务主要是通过电阻元件的各种连接形式，对电阻电路的等效变换方法予以分析。

学习目标

↘ 知识目标

1. 掌握电阻元件的串联、并联、混联三种连接方式；

2. 了解电阻的星形和三角形联结；

3. 掌握电阻的等效变换。

↘ 能力目标

1. 通过电阻的连接方式，能把现实生活中的电阻元件合理地连接；

2. 能够根据实际需要，自行设计电阻电路的连接方式。

学习任务书

学习领域		电　路	学习小组、人数	第　组、　人
学习情境		电阻的连接	专业、班级	
任务内容	T3-1	掌握电阻的连接关系		
	T3-2	识别生活中实际电路阻性元件的连接关系		
	T3-3	根据性能要求，设计阻性元件的连接		

学习领域	电　路	学习小组、人数	第　组、　人
学习情境	电阻的连接	专业、班级	
学习目标	1. 通过电阻的连接关系，理解现实生活中电阻元件的连接方式 2. 能够根据实际需要，自行设计电阻电路的连接方式		
任务描述	给学生若干个电阻元件，让学生任意的搭建成不同连接形式的电路。然后，根据学生自己搭建的电路，认识电阻不同类型的连接关系，并能对其进行等效变换		
对学生的要求	1. 学生必须认识电阻的连接关系 2. 学生必须理解电阻等效的意义 3. 学生必须能够熟练的对电阻电路进行等效变换 4. 学生必须具有团队合作的精神，以小组的形式完成学习任务		

 ## 任务资讯

1.3.1　电阻的串联

1. 串联电路

在电路中，由若干个电阻按顺序一个接一个地连成一串，形成一条无分支的电路，称为电阻的串联，如图 1-20 所示。

2. 电阻串联电路的特点

1）流过各串联电阻的电流相等。

2）电路两端的总电压等于各电阻两端电压之和，即 $U = U_1 + U_2 + \cdots + U_n$。

3）等效电阻等于各串联电阻阻值之和，即 $R = R_1 + R_2 + \cdots + R_n$。

4）各电阻上的电压分配与各电阻阻值成正比，即 $U_i = \dfrac{R_i}{R}U$。

即串联的每个电阻的电压与总电压的比等于该电阻与总电阻的比，这个比值叫分压比。在总电压一定时，适当选择串联电阻，可以使每个电阻得到所需的电压。

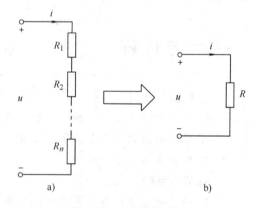

图 1-20　电阻的串联
a）电阻的串联　b）等效电阻

5）若 n 个电阻串联，总功率 P 等于各串联电阻所消耗的功率之和，即

$$P = P_1 + P_2 + \cdots + P_n$$

【例题 1-4】电路如图 1-21 所示，求电阻 R_2 两端的电压 U_2。

解：利用分压得

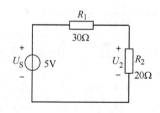

图 1-21　例题 1-4 图

$$U_2 = \frac{R_2}{R_1 + R_2} U_\mathrm{S} = \frac{20}{30 + 20} \times 5\,\mathrm{V} = 2\,\mathrm{V}$$

【例题 1-5】 电路如图 1-22 所示，求电阻 R_2 两端的
电压 U_2。

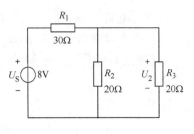

图 1-22　例题 1-5 图

解： 利用分压得

$$U_2 = \frac{R_2 /\!/ R_3}{R_1 + R_2 /\!/ R_3} U_\mathrm{S} = \frac{20 /\!/ 20}{30 + 20 /\!/ 20} \times 8\,\mathrm{V} = 2\,\mathrm{V}$$

1.3.2　电阻的并联

1. 并联电路

将几个电阻元件的一端连在一起，另一端也连在一起的连接方式称为电阻的并联，如
图 1-23 所示。

2. 电阻并联电路的特点

1）电路中各支路两端电压相等。

2）电路中总电流等于各支路电
流之和，即 $I = I_1 + I_2 + \cdots + I_n$。

3）等效电阻的倒数，等于各并
联电阻的倒数之和，即

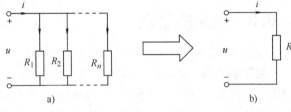

图 1-23　电阻的并联
a）电阻的并联　b）等效电阻

$$\frac{1}{R} = \frac{1}{R_1} + \frac{1}{R_2} + \cdots + \frac{1}{R_n}。$$

4）对于两个电阻并联的总电阻为 $R = \dfrac{R_1 R_2}{R_1 + R_2}$。

5）各支路上的电流分配与该支路电阻成反比，即 $I_i = \dfrac{R}{R_i} I$。

6）并联电路总功率等于各并联电路所消耗的功率之和，即

$$\begin{aligned}
P &= UI = U(I_1 + I_2 + \cdots + I_n) \\
&= UI_1 + UI_2 + \cdots + UI_n \\
&= \frac{U^2}{R_1} + \frac{U^2}{R_2} + \cdots + \frac{U^2}{R_n} \\
&= P_1 + P_2 + \cdots + P_n
\end{aligned}$$

电阻并联电路消耗的总功率等于各电阻上消耗功率之和，由于并联电阻的电压相同，
则功率的分配与各电阻值成反比。

3. 并联电阻计算的三个特点

1）并联等效电阻的阻值总比任何一个分电阻都小。

2）若两个电阻相等，则并联等效电阻阻值等于一个电阻的一半。

3）若两个差值很大的电阻并联，等效电阻可近似等于小电阻的阻值。

两个电阻串联时，若 $R_1 \gg R_2$，则 $R \approx R_1$。

两个电阻并联时，若 $R_1 \gg R_2$，则 $R \approx R_2$。

【例题 1-6】电路如图 1-24 所示，求流过电阻 R_2 的电流 I_2。

解：利用分流公式，得

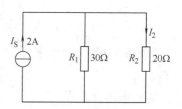

图 1-24   例题 1-6 图

$$I_2 = \frac{R_1}{R_1 + R_2} I_S = \frac{30}{30 + 20} \times 2A = 1.2A$$

【例题 1-7】电路如图 1-25 所示，求流过电阻 R_2 的电流 I_2。

解：利用分流公式，得

$$I_2 = \frac{R_1}{R_1 + R_2 /\!/ R_3} I_S = \frac{30}{30 + 20 /\!/ 20} \times 2A = 1.5A$$

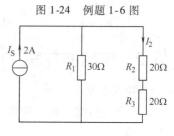

图 1-25   例题 1-7 图

1.3.3　电阻的混联

在电路中，既有串联又有并联的电阻连接方式称为混联。

混联电路的等效电阻、电压、电流和功率的分配，可分别根据电路串联和并联的特点依次计算得出。凡是能用串联方法逐步化简的电路，无论有多少电阻，结构多么复杂，均称为简单电路，反之称为复杂电路。遇到串并关系很难辨析清楚的，应该先进行电路的整理，待画出各电阻连接关系清晰的电路图后，再对电路进行分析计算。

整理电路的方法：

1）一条短路线可以压缩成一个点；反之，一个点可以拉伸成一条短路线。

2）电阻的任意一端可以沿导线滑动，但不能越过任何电阻或断点。

3）在不改变电阻连接端点的前提下，电阻可以移位。

【例题 1-8】如图 1-26、图 1-27 所示的混联电路，求等效电阻 R_{ab}。

解：根据电路可得

图 1-27 的等效电阻为

$$R_{ab} = R_2 + R_4 /\!/ R_5 + R_3 /\!/ R_6 + R_1$$

图 1-28 的等效电阻为

$$R_{ab} = R_2 + (R_4 /\!/ R_5 + R_3) /\!/ R_6 + R_1$$

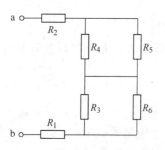

图 1-26   例题 1-8 图

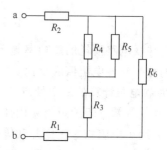

图 1-27   例题 1-8 图

【例题 1-9】 常用的分压电路如图 1-28 所示, 试求:
(1) 当开关 S 打开, 负载 R_L 未接入电路时, 分压器的输出电压 U_0; (2) 开关 S 闭合, 接入 $R_L = 150\Omega$ 时, 分压器的输出电压 U_0; (3) 开关 S 闭合, 接入 $R_L = 15k\Omega$, 此时分压器输出的电压 U_0 又为多少? 并由计算结果得出一个结论。

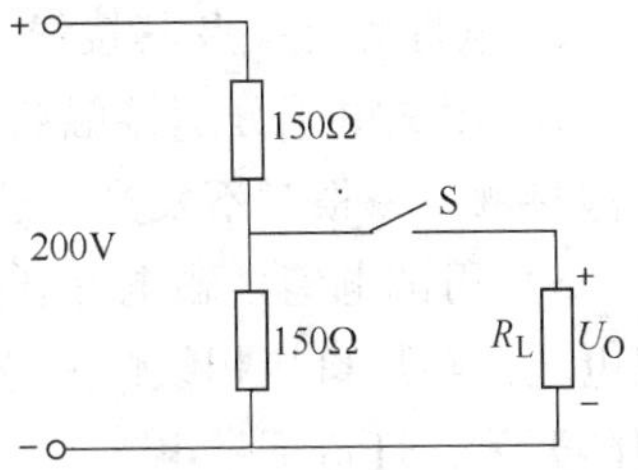

图 1-28　例题 1-9 图

解: (1) S 打开, 负载 R_L 未接入电路时

$$U_0 = 200\text{V}/2 = 100\text{V}$$

(2) S 闭合, 接入 $R_L = 150\Omega$ 时

$$U_0 = 200 \times \frac{150 /\!/ 150}{150 /\!/ 150 + 150}\text{V} \approx 66.7\text{V}$$

(3) 开关 S 闭合, 接入 $R_L = 15k\Omega$ 时

$$U_0 = 200 \times \frac{150 /\!/ 15000}{150 /\!/ 15000 + 150}\text{V} \approx 99.5\text{V}$$

显然, 负载电阻两端电压的多少取决于负载电阻的阻值, 其值越大, 分得的电压越多。

1.3.4　电阻串、并联的应用—— 照明电路的连接

1. 目的和要求

1) 了解一般照明电路的主要组成及其作用。

2) 了解螺口灯泡、卡口灯泡、灯头的构造及接线。

2. 仪器和器材

照明电路示意图 (见图 1-29), 演示用试电笔 (见图 1-30)。

3. 实训方法

1) 结合示教板介绍照明电路的主要组成部分。

a. 电能表, 用来计量用户消耗电能的多少。

b. 用户开关 (双刀开关) 和熔断器。

c. 插座及其接线, 插座可用来插接其他用电设备。

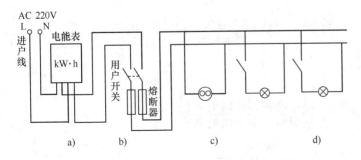

图 1-29　照明电路示意图

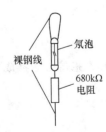

图 1-30　试电笔示意图

d. 电灯和开关及其接线。

2）用试电笔分别接触两进户线，可以见到氖泡接触其中一根时发光，这一根是相线，氖泡接触另一根时不发光，这一根是零线。

3）用试电笔接触电灯开关的进线端，氖泡亮，指示出开关接在相线上。开关接通时，试电笔接触灯口接相线的一端，氖泡亮，开关切断时氖泡不亮；说明开关接在相线上时，切断开关，灯口不带电。

4）把示教板的电源插头反插入插座，使开关处于零线上，重复2）、3）的实验，断开开关时氖泡仍发亮，灯口仍带电，说明开关不允许接在零线上。

5）介绍灯泡（白炽灯）的构造，螺口和卡口灯头的构造及其接线。对于螺口灯头的接线，用试电笔检查，相线应接在中央，螺旋套应接零线。

4. 照明事项

1）照明电路直接接220V交流电带电演示，应特别注意用电安全，演示完毕，及时切断电源。

2）照明电路示教板的各部分应按低压配电规范安装。

*1.3.5　电阻的星形联结和三角形联结

电阻的星形（Y）联结，即三个电阻的一端连接在一个公共节点上，而另一端分别接到三个不同的端钮上，如图1-31a所示。三角形（△）联结，即三个电阻分别接到每两个端钮之间，使之本身构成一个三角形，如图1-31b所示。二者的等效变换是相对于外电路而言的，即端口的电压与电流对应相等时，二者可以等效互换。下面给出它们相互转换的公式。

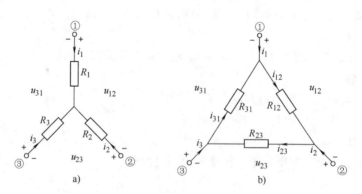

图 1-31　电阻的两种接法
a）星形联结　b）三角形联结

1. △形等效变换成Y形

$$R_Y = \frac{\text{△形中两相邻电阻的乘积}}{\text{△形中三个电阻的和}}$$

即

$$R_1 = \frac{R_{12}R_{31}}{R_{12} + R_{23} + R_{31}}$$

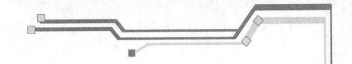

$$R_2 = \frac{R_{12}R_{23}}{R_{12} + R_{23} + R_{31}}$$

$$R_3 = \frac{R_{23}R_{31}}{R_{12} + R_{23} + R_{31}}$$

可以统一表示为

$$R_i = \frac{R_{ij}R_{ki}}{\sum R}$$

当△形联结的三个电阻相等，即 $R_{12} = R_{23} = R_{13} = R_\triangle$ 时，那么，丫形联结的三个电阻也相等。

$$R_\curlyvee = R_1 = R_2 = R_3 = \frac{1}{3}R_\triangle$$

2. 丫形等效变换成△形

$$R_\triangle = \frac{\text{丫形中两两电阻的乘积的和}}{\text{丫形中另一端钮所连电阻}}$$

即

$$R_{12} = \frac{R_1R_2 + R_2R_3 + R_3R_1}{R_3}$$

$$R_{23} = \frac{R_1R_2 + R_2R_3 + R_3R_1}{R_1}$$

$$R_{31} = \frac{R_1R_2 + R_2R_3 + R_3R_1}{R_2}$$

可以统一表示为

$$R_{ij} = \frac{\sum RR}{R_k}$$

当丫形电路的三个电阻相等，即 $R_1 = R_2 = R_3 = R_\curlyvee$ 时，那么，△形联结的三个电阻也相等，$R_\triangle = R_{12} = R_{23} = R_{13} = 3R_\curlyvee$。

【例题 1-10】 如图 1-32a 所示的混联电路，求等效电阻 R_{ab}。

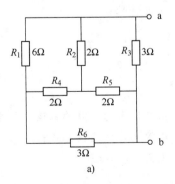
a)

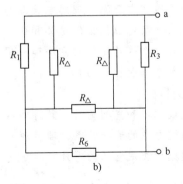
b)

图 1-32 例题 1-10 图

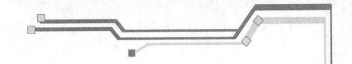
模块一 直流电路的认识与应用

解：根据电路可知，等值电阻 R_2、R_4、R_5 组成一星形联结，化为三角形联结后等效电路如图 1-32b 所示。

$$R_\triangle = 3R_\curlyvee = 3 \times 2\Omega = 6\Omega$$

$$R_{ab} = (R_1 /\!/ R_\triangle + R_6 /\!/ R_\triangle) /\!/ R_\triangle /\!/ R_3 = (6/\!/6 + 3/\!/6)\Omega /\!/ 6\Omega /\!/ 3\Omega \approx 1.4\Omega$$

 ## 练习与思考

1. 简述串联电阻的分压原理及并联电阻的分流原理。

2. 在运用分压公式、分流公式时，是否需要考虑电流、电压的参考方向？

3. 试求如图 1-33 所示电路的入端电阻 R_{AB}。

4. 一只"100Ω、$100W$"的电阻与 $120V$ 电源相串联，至少要串入多大的电阻 R 才能使该电阻正常工作？电阻 R 上消耗的功率又为多少？

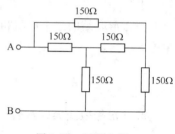

图 1-33　习题 3 图

任务四　电源的介绍与应用

电路中的耗能元件流过电流时，会不断的消耗能量，因此，电路中必须有提供能量的元件——电源。常用的直流电源有干电池、蓄电池、直流发电机、直流稳压电源等。为了得到各种实际电源的电路模型，本任务主要介绍两种电路元件——独立电压源和独立电流源。同时，通过电源元件的各种连接形式，对电阻电路的等效变换方法予以补充。

 ## 学习目标

> **知识目标**

1. 理解理想电压源、理想电流源的定义和伏安特性；

2. 理解实际电源模型的定义和伏安特性；

3. 掌握电源等效变换的方法和应用；

4. 了解掌握受控源的相关知识。

> **能力目标**

1. 通过学习和查阅资料，熟练掌握生产生活中使用的电源的构造、类型；

2. 通过电源的连接关系，理解现实生活中电源元件的连接方式；

3. 能熟练应用电源的等效变换进行电路的化简。

学习领域		电　路	学习小组、人数	第　组、　人
学习情境		电　源	专业、班级	
任务内容	T4-1	理解理想电压源、理想电流源的定义和伏安特性		
	T4-2	理解实际电源模型的定义和伏安特性		
	T4-3	掌握电源等效变换的方法和应用		
	T4-4	了解掌握受控源的相关知识		
学习目标		1. 通过学习和查阅资料，熟练掌握生产生活中使用的电源的构造、类型 2. 通过电源的连接关系，理解现实生活中电源元件的连接方式 3. 能熟练应用电源的等效变换进行电路的化简		
任务描述		给学生若干个电源元件，让学生认识电源元件的外形和分类，并能够对电源元件的参数进行测量。然后，将电源元件放到具体的电路中，让学生理解等效变换的意义，并能够应用电源的等效变换进行电路的化简		
对学生的要求		1. 学生必须认识电源的构造、类型 2. 学生必须理解电源的定义和伏安特性 3. 学生必须能够熟练的对电源电路进行等效变换 4. 学生必须具有团队合作的精神，以小组的形式完成学习任务		

模块一　直流电路的认识与应用

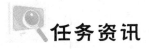

任务资讯

1.4.1　电压源介绍

1. 理想电压源

理想电压源简称电压源，其端电压恒定不变或者按照某一固有的函数规律随时间变化，与其流过的电流无关，常称为恒压源。

理想电压源的符号如图 1-34a 所示。对于直流电压源，通常用 U_S 表示。有时直流电压源是干电池，可用图 1-34b 所示的符号表示。

理想电压源的伏安特性是一条不通过原点且与电流轴平行的直线，其端电压不随电流变化，如图 1-34c 所示。

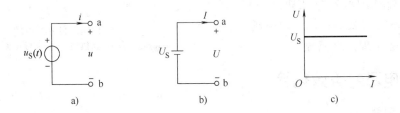

图 1-34　理想电压源

a）理想电压源的符号　b）直流电压源的符号　c）理想电压源的伏安特性

电压源的电流是由电压源本身及与之连接的外电路共同决定。电压源中电流的实际方向可以从电压的高电位流向低电位，也可以从电压的低电位流向高电位。前者电压源吸收功率，后者电压源释放功率。

2. 实际电压源

实际电路中，理想电压源是不存在的，电压源内部总有电阻。实际电压源可以用理想电压源与一个电阻串联来表示，如图 1-35a 所示。

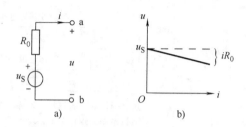

a)　　　　b)

图 1-35　实际电压源

a) 实际电压源的电路模型　b) 实际电压源的伏安特性

由电路模型可得 $u = u_S - iR_0$。

实际电压源的伏安特性如图 1-35b 所示，其端电压 u 随电流 i 增大而降低。内阻越小，则实际电压源越接近理想电压源。

1.4.2　电流源介绍

1. 理想电流源

理想电流源简称电流源，其电流恒定不变或者按照某一固有的函数规律随时间变化，与其端电压无关，常称为恒流源。

理想电流源的符号如图 1-36a 所示，箭头的方向为电流源电流的参考方向。当电流源电流为常量时，其伏安特性是一条与电压轴平行的直线，如图 1-36b 所示。

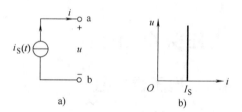

a)　　　　b)

图 1-36　理想电流源

a) 理想电流源的符号　b) 理想电流源的伏安特性

电流源的端电压由电流源及与之相连的外电路共同决定。电流源电压的实际方向可与电流源电流的实际方向相同或相反。

2. 实际电流源

在实际电路中，理想电流源也是不存在的，实际电流源可用一个理想电流源与电阻并联的电路模型来表示，如图 1-37a 所示。

由电路模型可得 $i = i_S - \dfrac{u}{R_0}$。

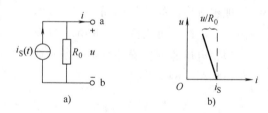

a)　　　　b)

图 1-37　实际电流源

a) 实际电流源的电路模型　b) 实际电流源的伏安特性

实际电流源的伏安特性如图 1-37b 所示，其电流 i 随电压增大而降低。内阻越大，实际电流源越接近于理想电流源。

1.4.3　电源的等效化简

1. 等效电路

电路分析中，经常要用到等效电路的概念。若电路甲与电路乙向同一外电路输出的电压和电流都相等，则电路甲和电路乙对外电路而言就是等效电路，如图 1-38 所示。有时

可以用一个简单的电路来等效代换较复杂的电路，使分析过程简单化。

2. 多电源的等效合并

1）若 n 个电压源串联，可以用一个电压源等效代替。等效电压源的电压等于各个电压源电压的代数和，等效电阻等于各电阻之和，如图 1-39 所示。

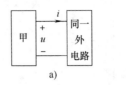

图 1-38　等效电路

2）若 n 个电流源并联，可以用一个电流源等效代替。等效电流源的电流等于各个电流源电流的代数和，等效电阻等于各电阻的并联电阻，如图 1-40 所示。

3）若 n 个电压源并联，则并联的各个电压源的电压必须相等，否则不能并联；若 n 个电流源串联，则串联的各个电流源的电流必须相等，否则不能串联。

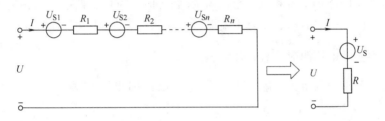

图 1-39　n 个电压源串联

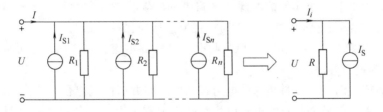

图 1-40　n 个电流源并联

3. 理想电源的等效简化

1）恒流源与恒压源串联，恒压源不起作用，等效短接，如图 1-41 所示。

2）恒流源与恒压源并联，恒流源不起作用，等效断路，如图 1-42 所示。

3）电阻与恒流源串联，电阻不起作用，等效短接，如图 1-41 所示。

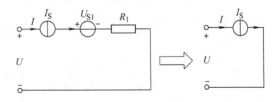

图 1-41　恒流源与恒压源（电阻）串联

4）电阻与恒压源并联，电阻不起作用，等效断路，如图 1-42 所示。

4. 两种实际电源模型的等效变换

如图 1-43a 所示实际电压源的端电压与电流关系为

$$U = U_S - IR_0 \tag{1-1}$$

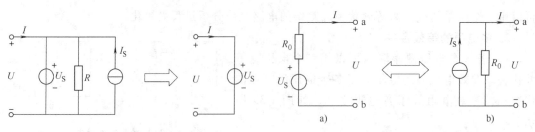

图 1-42　恒流源（电阻）与恒压源并联　　　　图 1-43　两种实际电源模型的等效变换
a）实际电压源　b）实际电流源

如图 1-43b 所示实际电流源的端电压与电流关系为 $I = I_s - \dfrac{U}{R_0}$，此式可变形为

$$U = I_s R_0 - I R_0 \qquad\qquad\qquad (1\text{-}2)$$

当两电路的端电压和电流相等，且内阻 R_0 相等时，可以将两电源进行等效变换。

对比式（1-1）、式（1-2），实际电流源等效变换为实际电压源时，有：$U_s = I_s R_0$；实际电压源变换为实际电流源时，有：$I_s = \dfrac{U_s}{R_0}$。

运用两种电源模型的等效变换可以化简求解电路的思路，甚至可以作为一种解题方法，但应注意：

1）"等效"只是对外电路而言，对两种电路内部并不等效。

2）理想电压源和理想电流源的伏安特性完全不同，因此两者不能等效变换。

3）变换后的电源与变换前的电源在电路中的所在位置必须相同，不得变动。电压源从负极到正极的方向与电流源电流的方向在变换前后应保持一致。

4）R_0 不一定特指电源内阻，只要是与电压源（或电流源）串联（或并联）组合的电阻就可以进行等效变换。

5）在等效变换时，可以将相邻的电阻按照电阻串并联的规律合并简化。

6）利用电源的等效变换化简电路时，整体上要有一个清晰的思路，有目的地"变"，切不可"能变就变"。

【例题 1-11】实际电源的电路模型如图 1-44 所示，已知 $U_s = 20V$，负载电阻 $R_L = 50\Omega$，当电源内阻 R_U 分别为 0.2Ω 和 30Ω 时，流过负载的电流各为多少？由计算结果可说明什么问题？

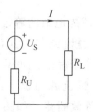

图 1-44　实际电源的电路模型

解：当 $R_U = 0.2\Omega$ 时，$I = \dfrac{20}{0.2 + 50}A \approx 0.4A$

当 $R_U = 30\Omega$ 时，$I = \dfrac{20}{30 + 50}A = 0.25A$

由计算结果可知，实际电压源的内阻越小越好。内阻太大时，电源内阻上分压过多，致使对外供出的电压过低，从而造成电源利用率不高。

【例题 1-12】用电源等效变换求图 1-45 所示电路中电压 U。

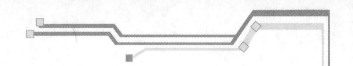

解：整体上，是左、下、右三块串联，左部是两个电压源并联。所以，先将左部都化为电流源，合并，再化回电压源；将右部化成电压源；最后将三个电压源合并。再去求电压 U。化简的方法有两种：一是用电路图逐步简化，步骤多，但是清晰易掌握；另一是用算式形式表示过程，较难掌握。用到的计算主要是电源等效变换式。

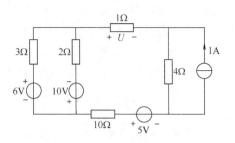

图 1-45　例题 1-12 图

图解法（见图 1-46）：

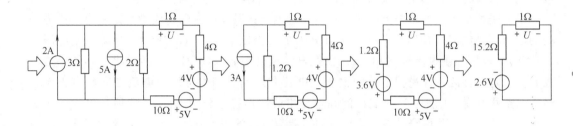

图 1-46　化简电路

最后进行计算

$$U = \frac{1}{15.2 + 1} \times 2.6\text{V} = 0.16\text{V}$$

算式法：

$$
\left.
\begin{array}{l}
6\text{V}, 3\Omega \to 2\text{A}, 3\Omega \\
10\text{V}, 2\Omega \to 5\text{A}, 2\Omega
\end{array}
\right\rangle
\left.
\begin{array}{l}
3\text{A}, 1.2\Omega \to 3.6\text{V}, 1.2\Omega \\
1\text{A}, 4\Omega \to 4\text{V}, 4\Omega \\
5\text{V}, 10\Omega
\end{array}
\right\rangle
2.6\text{V}, 15.2\Omega
$$

最后得到等效电路如图 1-47 所示，再进行计算

$$U = \frac{1}{15.2 + 1} \times 2.6\text{V} = 0.16\text{V}$$

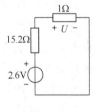

图　1-47

无论运用哪种方法进行等效变换，都要注意电源的极性，特别是进行合并时，更要注意，要取代数和。

1.4.4　电源的应用

电源广泛应用于家电制造业、电子与电力设备制造业、IT 产业及电脑设备制造业、实验室等。

家电制造业如：空调、咖啡机、洗衣机、榨汁机、微波炉、收录音机、冰箱、DVD、吸尘器。

电子与电力设备制造业如：交换式电源供应器、变压器、电子安定器、压缩机、电机、被动元件等产品的测试电源。

IT 产业及电脑设备制造业如：传真机、影印机、碎纸机、印表机、扫描器、刻录机、伺服器、显示器等产品的测试电源。

实验室及测试单位如：交流电源测试、产品寿命及安全测试、电磁兼容测试、OQC（FQC）测试、产品测试及研发、研究单位最佳交流电源。

航空/军事单位如：机场地面设施、船舶、航天、军事研究所等测试电源。

*1.4.5　受控源简介

前面介绍的电流源的电流及电压源的电压是不受外电路的影响而独立存在的，而在某些电路中有另一类型的电源，它们的电压或电流并不独立存在，而受电路中另一处的电压或电流量值所控制，这就是所谓的受控电源，又称为非独立电源。

根据受控电源在电路中提供的是电压还是电流，以及这一电压或电流是受电路中另一处的电压还是电流所控制，受控电源可分为电压控制电压源（VCVS）、电流控制电压源（CCVS）、电压控制电流源（VCCS）以及电流控制电流源（CCCS）四种类型。如果这种控制作用是线性的，即受控电源的电压或电流和控制它们的电压或电流之间具有正比关系，便是线性受控电源。线性受控源在电路中的图形符号分别如图 1-48 所示，为了区别于独立电源，采用菱形符号表示受控电源，参考方向的表示方法与独立电源的表示方法相同。μ、g、r、β 一般都是常数，其中 β、μ 无量纲，g、r 分别具有电导和电阻的量纲。

从图 1-48 中可以看到，受控源具有两对端钮，或者说它具有两个端口，其中一对端钮为控制量，它可以是电压也可以是电流，另一对端钮为受控量。需要指出的是，受控量与控制量常常不在一处，要到电路的其他处去找控制量。

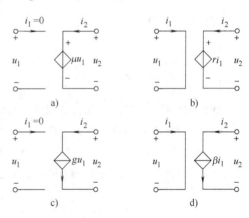

图 1-48　线性受控源
a) VCVS　b) CCVS　c) VCCS　d) CCCS

分析是何种受控源的方法：首先看电路符号，菱形中的直线若是与电路平行，就是受控电压源，如图 1-48a、b 所示；若是与电路垂直，就是受控电流源，如图 1-48c、d 所示；这与独立电源一致。其次看文字标识，若含有电压，就是电压控制，如图 1-48a、c 所示；若是含有电流，就是电流控制，如图 1-48b、d 所示。

从上面讨论可看出，独立电源和受控源间有很大的不同。前者代表了外界对电路的"激励"作用，对电路提供了信号或能量（例如电子电路中的信号源和直流电源），后者是对器件所发生的物理现象的模拟，描述了这些器件的性能。它所提供的电压或电流是不独立的，其大小和方向均受控制量的控制，例如 CCVS，若控制量电流为零，则受控源输出电压为零，相当于受控源被短接，不起作用。

在电路分析中，对受控源的处理与独立电源并无原则区别，即受控电源也可像独立电源一样，进行串联、并联化简及受控电压源和受控电流源之间的等效变换，但唯一要注意的是：对含有受控电源的电路进行化简时，当受控电源还被保留时，不能把受控电源的控制量消除掉。

练习与思考

1. 理想电流源有什么特点？
2. 实际的电源满足什么条件可以用理想电流源替代？
3. 理想电压源有什么特点？
4. 实际的电源满足什么条件可以用理想电压源替代？
5. 当电流源内阻很小时，对电路有何影响？
6. 实际电源可以等效互换，而理想电源不能等效互换，为什么？
7. 与理想电流源串联或者并联的电路可以如何等效处理？
8. 与理想电压源串联或者并联的电路可以如何等效处理？
9. 如图 1-49 所示电路中，求 2A 电流源之发出功率。
10. 如图 1-50 所示电路，已知 $U = 3V$，求 R。

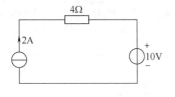

图 1-49　习题 9 图

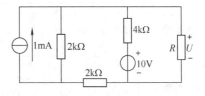

图 1-50　习题 10 图

任务五　基尔霍夫定律的介绍与应用

电路元件的伏安特性反映元件本身的电压、电流关系，称为电路的元件约束。对电路分析而言，还必须掌握若干电路元件按各种方式连接之后，由连接关系支配的各支路电压之间和各支路电流之间应遵循的规律——电路的拓扑约束。表示电路拓扑约束关系的就是基尔霍夫定律。本任务主要是通过基尔霍夫定律的学习，使学生掌握分析解决复杂电路问题的一种方法。

 学习目标

↘ 知识目标
1. 理解电路中的几个常用术语；
2. 熟练掌握基尔霍夫电流、电压定律；
3. 能够灵活运用基尔霍夫定律于电路的分析与计算当中。

模块一　直流电路的认识与应用

➥ **能力目标**

1. 通过基尔霍夫定律的学习，掌握分析解决复杂电路问题的一种方法；
2. 能熟练地分析电路的结构；
3. 能熟练地进行电路参数的运算。

学习任务书

学习领域		电　路	学习小组、人数	第　组、　人
学习情境		基尔霍夫定律	专业、班级	
任务内容	T5-1	理解电路中的几个常用术语		
	T5-2	熟练掌握基尔霍夫电流、电压定律		
	T5-3	能够灵活运用基尔霍夫定律于电路的分析与计算当中		
学习目标		1. 通过基尔霍夫定律的学习，掌握分析解决复杂电路问题的一种方法 2. 能熟练地分析电路的结构，能熟练地进行电路参数的运算		
任务描述		给学生一个具体的电路结构，首先让学生在电路实验箱上搭建出此电路，然后用万用表测量出相应支路的电流和电压，根据这些数据分析、总结出基尔霍夫定律的内容，并且能够应用基尔霍夫定律进行电路的分析和计算		
对学生的要求		1. 学生必须理解电路中的几个常用术语 2. 学生必须掌握基尔霍夫电流、电压定律 3. 学生必须能够熟练地应用基尔霍夫定律进行电路的分析和计算 4. 学生必须具有团队合作的精神，以小组的形式完成学习任务		

任务资讯

1.5.1　介绍电路中几个常用术语

1）支路：电路中通过同一电流并含有一个以上元件的分支称为支路。

2）节点：三条或三条以上支路的连接点称之为节点。

3）回路：电路中的任一闭合路径称为回路。

4）网孔：在平面电路中，其内部不含有任何支路的回路称为网孔。

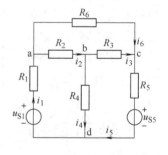

图 1-51　实例图

如图 1-51 所示的电路图中，含有 6 条支路、4 个节点、7 个回路和 3 个网孔。

1.5.2　基尔霍夫电流定律（KCL）

基尔霍夫定律是分析电路的基本定律，共包括两条。

基尔霍夫电流定律也称基尔霍夫第一定律。

内容：对电路中任一节点而言，在任一时刻，流入节点的电流之和等于由节点流出的

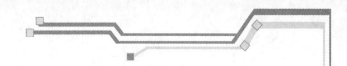

电流之和。数学表达式为

$$\sum i_\text{入} = \sum i_\text{出} \quad 或 \quad \sum I_\text{入} = \sum I_\text{出}（直流时）$$

需要指出的是：在列写 KCL 方程时，电流的"流入"和"流出"均是针对参考方向而言的。例如，对于如图 1-52 电路中的节点 a，其 KCL 方程为

$$i_1 = i_2 + i_6$$

可以改写为

$$i_1 - i_2 - i_6 = 0$$

因此，基尔霍夫电流定律可以改写成另一形式：对电路中任一节点而言，在任一时刻，流入或流出该节点电流的代数和恒等于零。数学表达式为

$$\sum i = 0$$

或直流时

$$\sum I = 0$$

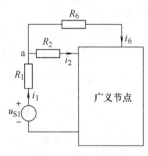

图 1-52　广义节点

在电路中，流入某一处多少电荷，必定同时从该处流出多少电荷，这一结论称为电流的连续性原理。根据这一原理，KCL 可以推广应用于电路中任一假设封闭面，即流入某封闭面的电流之和恒等于流出该封闭面的电流之和。这一假设封闭面称为广义节点。例如，将图 1-51 的右下部分封闭，形成图 1-52 的广义节点，对于该广义节点，有 i_1 流入，i_2、i_6 流出，KCL 式为 $i_1 = i_2 + i_6$，显然是对的。

1.5.3　基尔霍夫电压定律（KVL）

基尔霍夫电压定律也称基尔霍夫第二定律。

内容：对电路中的任一回路，在任一时刻，沿某一方向绕行一周，所有元件（或支路）电压的代数和恒等于零。数学表达式为

$$\sum u = 0$$

或直流时

$$\sum U = 0$$

应用时，必须先选定回路的绕行方向，既可以是顺时针也可以是逆时针。然后，再选定各元件（或支路）电压的参考方向。若电压的参考方向与回路的绕行方向一致，则该项电压取正，反之取负。

在具体应用时，若遇到电阻元件上仅标出了电流的参考方向，而未标出电压的参考方向时，则默认为电压与电流为关联参考方向。

对于图 1-53 所示的回路，选择顺时针绕行方向，按各元件上电压的参考极性，可列出 KVL 方程为

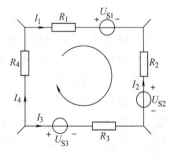

图 1-53　KVL 说明用图

$$U_{S1} + R_1 I_1 - R_2 I_2 + U_{S2} - U_{S3} - R_3 I_3 + R_4 I_4 = 0$$

基尔霍夫电压定律不仅适用于闭合回路，还可以体现任意两点间的电压与路径无关这

一性质。对于如图 1-54 所示的电路，a、b 两点间的电压可以从五条不同的路径求出，即

$$U_{ab} = U_{S1} + R_1 I_1 = R_2 I_2 - U_{S2} = -R_3 I_3 + U_{S3} = -R_4 I_4 - U_{S4} = R_5 I_5$$

基尔霍夫定律还适用于广义回路。如图 1-55 所示，将图 1-53 的右侧支路隐藏，以 U_2 代替端口电压，则还可以看作是一个回路，称为广义回路。仍可以列出 KVL 方程

$$U_{S1} + R_1 I_1 + U_2 - U_{S3} - R_3 I_3 + R_4 I_4 = 0$$

此方程可以变形为

$$U_2 = -U_{S1} - R_1 I_1 - R_4 I_4 + R_3 I_3 + U_{S3}$$

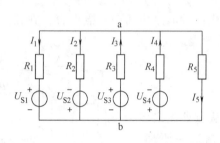

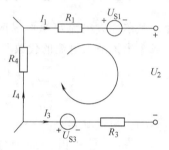

图 1-54　KVL 说明用图　　　　　　　　　图 1-55　KVL 说明用图

该式又被称为"数电位法"。即欲求两点之间的电压，则从高电位点开始，一个一个地数电压，电压降为正、电压升为负，一直数到低电位点。这两点之间的电压就等于所数电压的代数式。

【例题 1-13】 电路如图 1-56 所示，求电流 I 和电压 U。

解：对右回路列一个 KVL 方程（选顺时针绕行方向）

$$U - 1V + 1A \times 3\Omega = 0$$

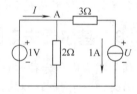

可得　　　　　$U = 1V - 1A \times 3\Omega = -2V$

对 A 点列一个 KCL 方程

$$I - 1V \div 2\Omega - 1A = 0$$

图 1-56　例题 1-13 图

可得 $I = 1V \div 2\Omega + 1A = 1.5A$

1.5.4　基尔霍夫定律的应用

对于有 b 条支路、n 个节点构成的电路，则有 $2b$ 个未知量，支路电流法是以 b 条电路的支路电流为首先求解的电路变量，之后，再利用电阻的电压、电流关系（VCR）去求其他量，这样，在第一步联立求解的方程个数为 b 个，其中有 $(n\text{-}1)$ 个独立的 KCL 方程，有网孔数个独立的 KVL 方程。如图 1-57 所示，电路有三条支路，选定三条支路的支路电流为未知量，并选定各支路电流、电压的参考方向。有两个节点，独立节点数为 1，因此独立的 KCL 方程有 1 个。有两个网孔，独立的 KVL 方程有两个。列写以 I_1、I_2、I_3 为未知量的 KCL、KVL 方程，可得到

$$\text{KCL：} -I_1 - I_2 + I_3 = 0$$
$$\text{KVL：} R_1 I_1 - R_2 I_2 = U_{S1} - U_{S2}$$
$$R_2 I_2 + R_3 I_3 = U_{S2}$$

以上 KVL 方程是按网孔列写的，并且将电压源移至方程的右边。注意，方程左边是

电压降取正值，方程右边是电压升取正值。

综上所述，可以将支路电流法的解题步骤归纳如下：

1）设定各支路电流的参考方向。

2）指定参考节点，对其余（$n-1$）个独立节点列写（$n-1$）个 KCL 方程。

3）通常选网孔为独立回路，设定独立回路的绕行方向，进而列出各网孔的 KVL 方程。

4）联立求解②、③两步得到的 b 个方程，求出 b 条支路的支路电流。

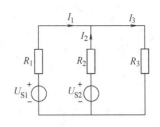

图 1-57　基尔霍夫定律的应用

5）利用支路电流和支路的 VCR 求出各支路的电压。

【例题 1-14】试求如图 1-58 所示电路的各支路电流。

解：各支路电流已标出参考方向，以节点 b 为参考节点。节点 a 的 KCL 方程为

$$I_1 + I_2 + I_3 = 0$$

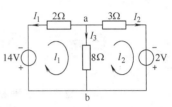

图 1-58　例题 1-14 图

以 l_1、l_2 两网孔为选定的独立网孔，列 KVL 方程

$$-2I_1 + 8I_3 = -14$$

$$3I_2 - 8I_3 = 2$$

以上三式联立求解，解得

$$I_1 = 3A,\ I_2 = -2A,\ I_3 = -1A$$

支路电流法列的方程较直观，是一种常用的求解电路的方法。但由于需要列出等于支路数 b 的 KCL 和 KVL 方程，对复杂电路而言存在方程的个数多的缺点。方程个数较少的解电路的方法有"网孔电流法"和"节点电压法"，当然，列方程的难度增加了。

对于一个含有电流源的电路，电流源所在支路的电流就等于电流源的电流，所以，少了一个未知数，可以少列一个方程。一般的都是少列一个含有电流源所在支路的 KVL 方程。当电流源在外支路时，其所在支路组成的网孔就不列 KVL 方程；当电流源在内支路时，则绕过该支路去列较大的回路的 KVL 方程。就是说，含有电流源时，利用基尔霍夫定律解题，不但不难，反而更简单了。

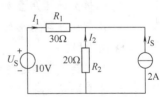

图 1-59　例题 1-15 图

【例题 1-15】如图 1-59 所示，求各支路电流。

解：这是一个含有电流源的电路，电流源在外支路，所以只有两个待求电流。列一个 KCL 方程和一个 KVL 方程即可。

对上节点列 KCL 方程　　　　$I_1 + I_2 + 2 = 0$

对左网孔列 KVL 方程　　　　$30I_1 - 20I_2 = 10$

联立求解，得 $I_1 = -0.6A$，$I_2 = -1.4A$

 练习与思考

1. 试说明 KCL、KVL 的含义及使用范围。

模块一　直流电路的认识与应用

2. 试讨论对于 n 个节点的电路，有几个独立的 KCL 方程？并举例说明。

3. 什么是支路？

4. 什么是节点？

5. 什么是回路？

6. 什么是网孔？

7. 基尔霍夫电流定律的实质是什么？

8. 如图 1-60 所示电路，已知 $U_S = 3V$，$I_S = 2A$，求 U_{AB} 和 I。

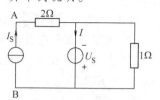

图 1-60　习题 8 图

任务六　叠加定理和戴维南定理的介绍与应用

　　叠加定理和戴维南定理是线性电路中十分重要的定理。叠加定理不仅可以用来分析电路，还可以用来证明戴维南定理，更重要的是可以建立响应与激励之间的内在关系。而戴维南定理主要讨论的是一个内部含有独立电源的单口网络对外电路而言的最简等效电路是什么。本任务主要通过对叠加定理和戴维南定理的介绍，使学生掌握分析解决复杂电路问题的常用方法。

 学习目标

> ➤ **知识目标**
> 1. 掌握叠加定理的内容，掌握戴维南定理的内容；
> 2. 能够灵活运用叠加定理和戴维南定理于电路的分析与计算当中；
> 3. 能测试复杂电路的元件参数和戴维南定理的等效特性。
>
> ➤ **能力目标**
> 1. 应用叠加定理进行电路的分析和计算，应用戴维南定理进行电路的分析和计算；
> 2. 学会测试复杂电路的元件参数；
> 3. 学会测试线性含源二端口网络的外特性和戴维南定理的等效特性。

学习任务书

学习领域	电　路		学习小组、人数	第　组、　人
学习情境	叠加定理和戴维南定理		专业、班级	
任务内容	T6-1	理解叠加定理和戴维南定理		
	T6-2	运用叠加定理和戴维南定理于电路的分析与计算中		
	T6-3	测定复杂电路的元件参数		
	T6-4	测定戴维南定理的等效特性		

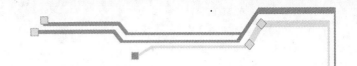

学习领域	电 路		学习小组、人数	第 组、 人
学习情境	叠加定理和戴维南定理		专业、班级	
学习目标	1. 应用叠加定理进行电路的分析和计算 2. 应用戴维南定理进行电路的分析和计算 3. 学会测定复杂电路的元件参数 4. 学会测定线性含源二端口网络的外特性和戴维南定理的等效特性			
任务描述	给学生一个具体的电路结构，首先让学生在电路实验箱上搭建出此电路，然后用万用表测量出相应支路的电流和电压，根据这些数据分析、总结出叠加定理和戴维南定理的内容，并且能够应用叠加定理和戴维南定理进行电路的分析和计算			
对学生的要求	1. 必须理解叠加定理和戴维南定理的内容 2. 必须掌握应用叠加定理和戴维南定理进行电路的分析和计算的方法 3. 必须能够熟练的测定复杂电路的元件参数和戴维南定理的等效特性 4. 学生必须具有团队合作的精神，以小组的形式完成学习任务			

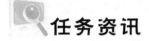任务资讯

1.6.1 介绍叠加定理

叠加定理：在有多个独立源作用的线性电路中，任一支路的电流（或电压）等于各独立源单独作用时在该支路中产生的电流（或电压）分量的叠加，如图 1-61 所示。

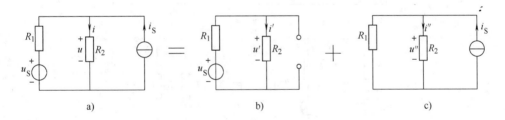

图 1-61 叠加定理
a) 共同作用 b) 电压源单独作用 c) 电流源单独作用

在应用叠加定理时，应注意：

1）叠加定理仅适用于线性电路，不适用于非线性电路。即使在线性电路中，也只能计算电压或电流，不能用来计算功率，因为功率与电压、电流之间不是线性关系。

2）求各独立源单独作用的响应时，对那些暂时不起作用的独立源应消除电源影响——"除源"，视为零值，具体做法是，独立电压源短接，独立电流源断路，其他元件的大小和连接方式不变。

3）叠加时各分量取代数和。各分量的符号取 " + " 还是取 " − "，取决于该分量所选的参考方向。若该分量的参考方向与原量的参考方向一致，叠加时取 " + "，反之取 " − "。

模块一 直流电路的认识与应用

【例题 1-16】 求图 1-62 所示电路中的电流 I_2。

解： 应用叠加定理求解。首先求出当理想电流源单独作用时的电流 I_2' 为

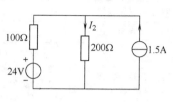

$$I_2' = 1.5 \times \frac{100}{100+200}A = 0.5A$$

再求出当理想电压源单独作用时的电流 I_2'' 为

$$I_2'' = \frac{24}{100+200}A = 0.08A$$

图 1-62　例题 1-16 图

根据叠加定理可得

$$I_2 = I_2' + I_2'' = 0.5A + 0.08A = 0.58A$$

1.6.2　介绍戴维南定理

戴维南定理：对外电路来说，任何一个线性有源二端网络，都可以用电压源和电阻串联的支路来代替，其电压源电压等于线性有源二端网络的开路电压 u_{OC}，电阻等于线性有源二端网络除源后两端间的等效电阻 R_{eq}。以图 1-63 所示电路为例，图 1-63a 是"代替"的示意图，图 1-63b 是求开路电压 u_{OC} 和除源后等效电阻 R_{eq} 的示意图。

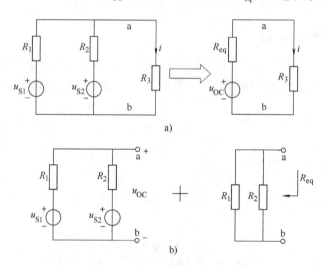

图 1-63　戴维南定理示意图

说明：

1）负载可以是线性或非线性的，有源或无源的，可以是一个元件或一个网络，而有源网络必须是线性的。

2）这里所说的"除源"，是指将有源二端网络内部的独立源全部视为零值，即把独立电压源短路、电流源开路。

3）"等效"是对外部电路而言，对二端网络内部并不等效。

【例题 1-17】 如图 1-64a 所示电路，用戴维南定理，求负载电阻 $R_L = 1\Omega$ 和 5Ω 时的电流 I。

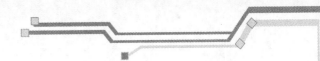

解：（1）求开路电压 U_{OC}

自 a、b 处断开待求支路如图 1-64b 所示，设出 U_{OC} 的参考方向，求出开路电压为

$$U_{OC} = -32V + 4\Omega \times (2-3)A + 1\Omega \times 2A + 10V = -24V$$

（2）求等效电阻 R_{eq}

将图 1-64b 中的电压源代之以短路，电流源代之以断路，电路变换成图 1-64c，求出等效电阻为

$$R_{eq} = 1\Omega + 4\Omega = 5\Omega$$

（3）由所求 U_{OC}、R_{eq} 画出戴维南等效电路，并接负载电阻 R_L，如图 1-64d（由于所求开路电压为负值，所画电压源极性相反），并分别求出

$$R_L = 1\Omega \text{ 时，} I = -\frac{24}{1+5}A = -4A$$

$$R_L = 5\Omega \text{ 时，} I = -\frac{24}{5+5}A = -2.4A$$

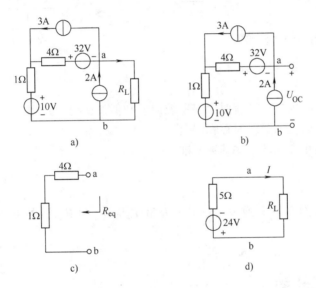

图 1-64　例题 1-17 图

1.6.3　戴维南定理应用

1. 测量电流、电压

用电阻、两路直流电源和两块模拟万用表，连接成如图 1-65 所示电路；使用万用表完成电流、电压的测量，并将测量结果填在横线上。

每次测量的大致步骤是：调整电源到要求值；确认导线有效导通；连电路；并入万用表测电压；串入万用表测电流。测前都要对检测的数值有一个大致的计算，若测量的数值与理论的计算值相差较大，常常是导线有

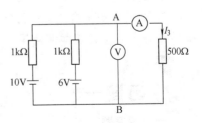

图 1-65　实例图

断路。

1）测定 AB 间电压 U_{AB} 及电流 I_3。

$U_{AB} =$ _____，$I_3 =$ _____。

2）按图 1-66a 连接，用开路电压法测 $U_{OC} =$ _____。

按图 1-66b 连接，用短路电流法测 $I =$ _____，并计算出等效电阻 $R_i =$ _____。

3）用上述等效参数重新组成一个电路，按图 1-67 电路连接，测出 $U_{A'B'} =$ _____

$I_3' =$ _____，并分别与 U_{AB} 及 I_3 进行比较。

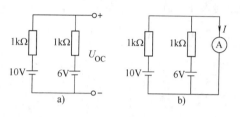

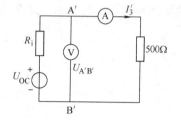

图 1-66　实例图　　　　　　　　　　　　　图 1-67　实例图

2. 误差分析及结论

误差分析：

1）用万用表测量电压、电流时存在系统误差和偶然误差。

2）在读取万用表上的数值时存在误差。

3）在首次使用中存在的一些读数不准。

4）器材老化。

5）操作不当。

结论：通过此次实验，并通过比较得出 I_3 和 I_3' 及 U_{AB} 和 $U_{A'B'}$ 基本相等，验证了戴维南定理。

练习与思考

1. 叠加定理的内容是什么？使用该定理时应注意哪些问题？

2. 当用叠加定理分析线性电路时，独立电源和受控电源的处理规则分别是什么？

3. 功率计算为什么不能直接利用叠加定理？

4. 简述戴维南定理的求解步骤。

5. 如何把一个有源二端网络化为一个无源二端网络？在此过程中，有源二端网络内部的电压源和电流源应如何处理？

习题一

一、填空题

1. 电流所经过的路径叫做_____，通常由_____、_____和_____

三部分组成。

2. 凡是用电阻的串并联和欧姆定律可以求解的电路统称为_____电路，若用上述方法不能直接求解的电路，则称为_____电路。

3. 无源二端理想电路元件包括_____元件、_____元件和_____元件。

4. 由_____元件构成的、与实际电路相对应的电路称为_____。

5. 大小和方向均不随时间变化的电压和电流称为_____电，大小和方向均随时间变化的电压和电流称为_____电，大小和方向均随时间按照正弦规律变化的电压和电流被称为_____电。

6. 在多个电源共同作用的_____电路中，任一支路的响应均可看成是由各个激励单独作用下在该支路上所产生的响应的_____，称为叠加定理。

7. _____具有相对性，其大小正负相对于电路参考点而言。

8. 衡量电源力做功本领的物理量称为_____，它只存在于_____内部，其参考方向规定由_____电位指向_____电位，与_____的参考方向相反。

9. 电流所做的功称为_____，其单位有_____和_____；单位时间内电流所做的功称为_____，其单位有_____和_____。

10. 具有两个引出端钮的电路称为_____网络，其内部含有电源的称为_____网络，内部不包含电源的称为_____网络。

11. "等效"是指对_____以外的电路作用效果相同。戴维南等效电路是指一个电阻和一个电压源的串联组合，其中电阻等于原有源二端网络_____后的_____电阻，电压源等于原有源二端网络的_____电压。

12. 理想电压源输出的_____值恒定，输出的_____由它本身和外电路共同决定；理想电流源输出的_____值恒定，输出的_____由它本身和外电路共同决定。

13. 电阻均为 9Ω 的 △ 形电阻网络，若等效为 Y 形网络，各电阻的阻值应为_____Ω。

14. 实际电压源模型 "20V、1Ω" 等效为电流源模型时，其电流源_____A，内阻 $R_i =$_____Ω。

15. 如果受控源所在电路没有独立源存在时，它仅仅是一个_____元件，而当它的控制量不为零时，它相当于一个_____。在含有受控源的电路分析中，特别要注意：不能随意把_____的支路消除掉。

二、判断下列说法的正确与错误

1. 受控源在电路分析中的作用，和独立源完全相同。　　　　　　　（　　）

2. 实际电感线圈在任何情况下的电路模型都可以用电感元件来抽象表征。（　　）

3. 电压、电位和电动势定义式形式相同，所以它们的单位一样。　　（　　）

4. 电流由元件的低电位端流向高电位端的参考方向称为关联方向。　（　　）

5. 电功率大的用电器，电能也一定大。　　　　　　　　　　　　　（　　）

6. 电路分析中一个电流得负值，说明它小于零。　　　　　　　　　（　　）

7. 电路中任意两个节点之间连接的电路统称为支路。　　　　　　　（　　）

8. 网孔都是回路，而回路则不一定是网孔。 （　　）

9. 应用基尔霍夫定律列写方程式时，可以不参照参考方向。 （　　）

10. 电压和电流计算结果得负值，说明它们的参考方向假设反了。 （　　）

11. 理想电压源和理想电流源可以等效互换。 （　　）

三、单项选择题

1. 当电路中电流的参考方向与电流的真实方向相反时，该电流（　　）

A. 一定为正值　　　　　B. 一定为负值　　　　　C. 不能肯定是正值或负值

2. 已知空间有 a、b 两点，电压 $U_{ab} = 10V$，a 点电位为 $V_a = 4V$，则 b 点电位 V_b 为（　　）

A. 6V　　　　　　　　B. −6V　　　　　　　C. 14V

3. 叠加定理只适用于（　　）

A. 交流电路　　　　　B. 直流电路　　　　　C. 线性电路

4. 一电阻 R 上 u、i 参考方向不一致，令 $u = -10V$，消耗功率为 0.5W，则电阻 R 为（　　）

A. 200Ω　　　　　　B. −200Ω　　　　　C. ±200Ω

5. 两个电阻串联，$R_1 : R_2 = 1 : 2$，总电压为 60V，则 U_1 的大小为（　　）

A. 10V　　　　　　　B. 20V　　　　　　　C. 30V

6. 已知接成Y形的三个电阻都是 30Ω，则等效 △ 形的三个电阻阻值为（　　）

A. 全是 10Ω　　　　B. 两个 30Ω，一个 90Ω　　C. 全是 90Ω

7. 电阻是（　　）的元件，电感是（　　）的元件，电容是（　　）的元件。

A. 储存电场能量　　　B. 储存磁场能量　　　C. 耗能

8. 一个输出电压几乎不变的设备有载运行，当负载增大时，是指（　　）

A. 负载电阻增大　　　B. 负载电阻减小　　　C. 电源输出的电流增大

9. 理想电压源和理想电流源间（　　）

A. 有等效变换关系　　B. 没有等效变换关系　　C. 有条件的等效变换关系

四、简答题

1. 在 8 个灯泡串联的电路中，除 4 号灯不亮外其他 7 个灯都亮。当把 4 号灯从灯座上取下后，剩下 7 个灯仍亮，问电路中有何故障？为什么？

2. 额定电压相同、额定功率不等的两个白炽灯能否串联使用？

3. 如图 1-68 所示电路应用哪种方法进行求解最为简便？为什么？

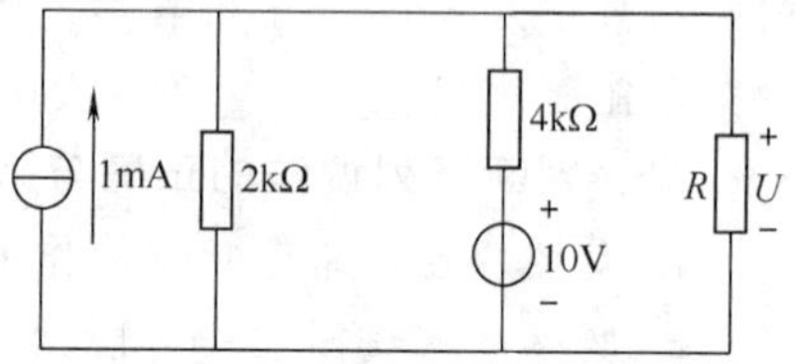

图 1-68　简答题 3 图

4. 在电路等效变换过程中，受控源的处理与独立源有哪些相同？有什么不同？

5. 试述"电路等效"的概念。

6. 试述参考方向中的"正、负"，"加、减"，"相反、相同"等名词的概念。

五、计算分析题

1. 一只"100Ω、100W"的电阻与120V电源相串联，至少要串联多大的电阻 R 才能使该电阻正常工作？电阻 R 上消耗的功率又为多少？

2. 如图 1-69a、b 所示电路中，若 $I = 0.6A$，求 R；图 1-69c、d 所示电路中，若 $U = 0.6V$，求 R。

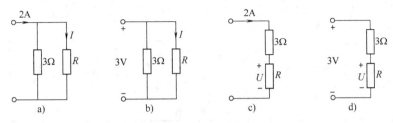

图 1-69 计算题 2 图

3. 两个额定值分别是"110V、40W"、"110V、100W"的灯泡，能否串联后接到 220V 的电源上使用？若两只灯泡的额定功率相同，能否串联后接到 220V 的电源上使用？

4. 如图 1-70 所示电路中，已知 $U = 3V$，求 R。

5. 如图 1-71 所示电路中，已知 $U_S = 3V$，$I_S = 2A$，求 U_{AB} 和 I。

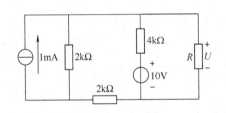

图 1-70 计算题 4 图

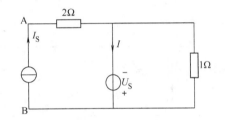

图 1-71 计算题 5 图

6. 如图 1-72 所示电路中，求 2A 电流源之发出功率。

7. 如图 1-73 所示电路中，分别计算 S 打开与闭合时 A、B 两点的电位。

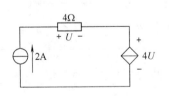

图 1-72 计算题 6 图

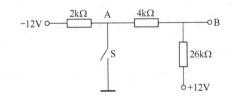

图 1-73 计算题 7 图

8. 已知如图 1-74 所示电路中，电压 $U = 4.5V$，试应用已经学过的电路求解法求电阻 R。

9. 求解图 1-75 所示电路的戴维南等效电路。

10. 如图 1-76 所示电路中，试用叠加定理求解电流 I。

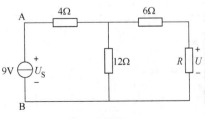

图 1-74 计算题 8 图

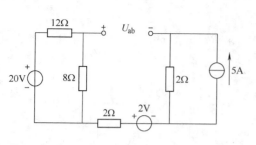

图 1-75 计算题 9 图

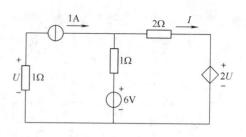

图 1-76 计算题 10 图

计 划 表

学习领域	电　路		学习小组、人数	第　组、　人
学习情境	直流电路		专业、班级	
设计方式	小组讨论、共同制订实施计划			
模块编号 任务序号	计 划 步 骤		使 用 资 源	
计划说明				
计划评语				
	教师签字		组长签字	日期

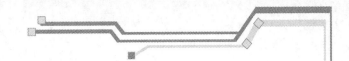

实　施　表

学习领域	电　路	学习小组、人数	第　组、　人
学习情境	直流电路	专业、班级	
实施方式	团结协作、共同实施		
模块编号 任务序号	实施步骤		使用资源
实施说明			
实施评语			
	教师签字		组长签字		日期	

检 查 表

学习领域	电 路		学习小组、人数	第 组、 人
学习情境	直流电路		专业、班级	
序号	检查项目	检查标准		存 在 问 题
1	P1-T1	能准确计算出电路的各物理量		
2	P1-T2	能正确识别出各种不同类型的电阻元件		
3	P1-T2	会应用欧姆定律进行电路的分析和计算		
4	P1-T2	能对电阻元件的阻值和特性进行测量		
5	P1-T3	能正确地进行电阻电路的等效变换		
6	P1-T4	能正确识别出各种不同类型的电源元件		
7	P1-T4	能正确地进行电源电路的等效变换		
8	P1-T5	会应用基尔霍夫定律进行电路的分析和计算		
9	P1-T6	会应用叠加定理进行电路的分析和计算		
10	P1-T6	会应用戴维南定理进行电路的分析和计算		
11	P1-T6	会测定复杂电路元件参数和戴维南等效特性		
检查评价				
	教师签字		组长签字	日期

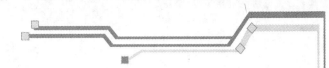

评 价 表

学习领域	电 路		学习小组、人数		第 组、 人		
学习情境	直流电路		专业、班级				

评价类别	评价内容	评价项目	配 分	P1-（T1～T6）		
				自评	互评	教师评价
专业能力	资讯	搜集信息	5			
		引导问题回答				
	计划	计划可执行度	5			
		教材工具安排				
	实施	电路及其基本物理量的认识	50			
		电阻元件的认识				
		电阻的连接				
		电源的介绍与应用				
		基尔霍夫定律的介绍与应用				
		万用表的使用				
		叠加定理和戴维南定理介绍与应用				
	检查	全面性	5			
		正确性				
社会能力	团结协作	团队精神	10			
		在小组的贡献				
	敬业精神	学习纪律	10			
		爱岗敬业、吃苦耐劳精神				
方法能力	计划能力	计划的正确性	10			
		计划效果				
	决策能力	决策的正确性	5			
		决策效果				
合　计			100			

评价评语	

教师签字		组长签字		日期	

反 馈 表

学习领域	电 路		学习小组、人数			第 组、 人	
学习情境	直流电路		专业、班级				
序号	调 查 内 容			是	否	理 由 陈 述	
1	你觉得工学结合、校企合作对你学习有提高吗						
2	你学会计算电路的各物理量的方法了吗						
3	你学会应用欧姆定律进行电路的分析和计算了吗						
4	你是否掌握了电阻和电源等效变换的方法						
5	你是否能利用基尔霍夫定律进行电路的分析和计算						
6	你是否会正确使用万用表						
7	你是否能利用叠加定理和戴维南定理进行电路分析和计算						
8	通过本情境的学习，你能够分析一个一般电路吗						
9	通过本情境的学习，你觉得你的动手能力提高了吗						
10	通过学习，你愿意在业余时间主动去看这方面的参考书吗						
11	通过学习，你是否对电路基础应用课程产生了浓厚的兴趣						
12	通过六个情境的学习，你对自己的表现是否满意						
13	本情境学习后，你还有哪些问题不明白，哪些问题需要解决						
14	你是否满意小组成员之间的合作						
15	你认为本情境还应学习哪些方面的内容						

你的意见对改进教学非常重要，请写出你的建议和意见

学生签名		调查时间	

模块二

单相正弦交流电路的应用

　　正弦交流电在日常生活及工农业生产中有着广泛的应用。本模块将阐述如何描述交流电，如何分析正弦交流电，确定不同参数和不同结构的各种正弦交流电路中电压、电流的分配关系与能量（功率）分配关系，简单介绍正弦交流电路的频率特性及其应用。同时认识正弦电路与电路模型，认识电容和电感元件，熟练使用电容和电感元件，熟练使用仪器仪表测量交流信号，掌握基本测量方法。

任务一　正弦量的认识
任务二　识别正弦交流电路中的元件
任务三　阻抗的连接
任务四　谐振电路的鉴别与应用

任务一　正弦量的认识

学习目标

➥知识目标

1. 掌握正弦交流电的概念、表达式和三要素；
2. 明确相位差、有效值的物理意义和表示方法；
3. 了解复数的运算，掌握正弦量的相量表示法。

➥能力目标

1. 正弦交流电在日常生活中的应用；
2. 明确正弦交流电路中三要素的物理意义。

➥素质目标

培养学生运用逻辑思维分析问题和解决问题的能力；培养学生较强的团队合作意识及人际沟通能力；培养学生良好的职业道德和敬业精神；培养学生良好的心理素质和克服困难的能力；培养学生具有较强的口头与书面表达能力。

学习任务书

学习领域	电　路		学习小组、人数	第　组、　人
学习情境	正弦量的认识		专业、班级	
任务内容	T1-1	认识正弦量		
	T1-2	认识相位差		
	T1-3	认识正弦量的有效值		
	T1-4	复习复数及其运算		
	T1-5	学习正弦量的相量表示法		
学习目标	1. 认识正弦量的相关知识 2. 认识正弦量在电路中的物理意义 3. 掌握复数及其运算 4. 熟练掌握正弦量的相量表示法 5. 熟练掌握用相量来进行正弦量的运算			
任务描述	给学生一个交流发电机的模型，让学生通过模拟交流电的产生过程，理解正弦交流电压、电流形式、波形、表达式等。通过复习复数及其运算，使学生能够利用复数的计算方法计算正弦量，进而能够用相量表示法来研究、计算正弦量			
对学生的要求	1. 理解正弦量的波形、表达式 2. 理解正弦量的三要素、相位差、有效值的概念 3. 掌握复数及其相关运算 4. 会用相量法表示正弦量 5. 学生必须具有团队合作的精神，以小组的形式完成学习任务 6. 严格遵守课堂纪律不迟到、不早退、不旷课 7. 学生应树立职业道德意识，并按照企业的质量管理体系标准去学习和工作 8. 本情境学习任务完成后，需提交计划表、实施表、检查表、评价表和反馈表			

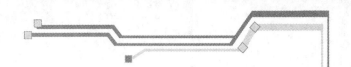

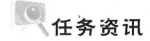

2.1.1 正弦量的认识

随时间按正弦规律变化的电压、电流称为正弦电压和正弦电流。表达式为

$$u = U_m \sin(\omega t + \psi_u)$$

$$i = I_m \sin(\omega t + \psi_i)$$

从表达式中可以看出，一个正弦量由 U_m、ω 和 ψ 三个量决定，这三个量称为正弦量的三要素，波形如图2-1所示。

1. 振幅

瞬时值：正弦量在某一时刻的值，用小写字母 u 或 i 表示。

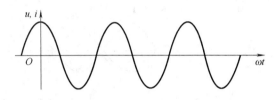

图2-1　正弦量的波形

最大值（振幅）：瞬时值中绝对值最大的值称为交流电的最大值。从正弦波的波形上看为波幅的最高点，所以又称峰值，用字母 U_m 或 I_m 表示。

2. 角频率

周期：正弦交流电完成一个循环所需要的时间，用字母 T 表示，单位为秒（s）。

频率：单位时间内，交流电变化所完成的循环数，用字母 f 表示，单位为赫（兹）（Hz）。

频率与周期互为倒数，即 $f = \dfrac{1}{T}$。

角频率：正弦交流电在单位时间内变化的弧度数，用字母 ω 表示，单位为弧度/秒（rad/s）。

ω、T、f 三者的关系为 $\omega = \dfrac{2\pi}{T} = 2\pi f$。

3. 初相

相位：正弦量解析式中的角度（$\omega t + \psi$）叫做正弦量的相位角，简称相位。

初相：正弦量在 $t = 0$ 时的相位称为初相位，简称初相，用字母 ψ 表示，习惯上也用字母 θ 表示，为便于理解和统一，下文沿用 θ 的表示方法。

当正弦量的零点在 $t = 0$ 的左侧时，初相为正，$\theta_u > 0$；当正弦量的零点在 $t = 0$ 的右侧时，初相为负，$\theta_i < 0$，如图2-2所示。

2.1.2 相位差

相位差：指两个正弦量之间的相位之差，即

$$(\omega_1 t + \theta_1) - (\omega_2 t + \theta_2)$$

对于两个同频率正弦量，如图2-3所示。

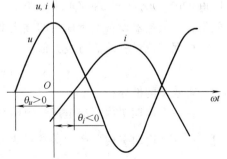

图2-2　波形的初相角

设

$$u_1 = U_{m1}\sin(\omega t + \theta_1)$$

$$u_2 = U_{m2}\sin(\omega t + \theta_2)$$

二者的相位差：$\varphi_{12} = (\omega t + \theta_1) - (\omega t + \theta_2) = \theta_1 - \theta_2$

即等于它们的初相之差。讨论同频率正弦量的相位差才是有意义的。

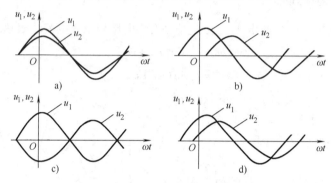

图 2-3　同频率正弦量的几种相位关系

a）u_1 与 u_2 同相　b）u_1 与 u_2 正交　c）u_1 与 u_2 反相　d）u_1 超前 u_2

讨论：1）若 $\varphi_{12} = \theta_1 - \theta_2 = 0$，称 u_1 与 u_2 同相，如图 2-3a 所示。

2）若 $\varphi_{12} = \theta_1 - \theta_2 = \pm\dfrac{\pi}{2}$，称 u_1 与 u_2 正交，如图 2-3b 所示。

3）若 $\varphi_{12} = \theta_1 - \theta_2 = \pm\pi$，称 u_1 与 u_2 反相，如图 2-3c 所示。

4）若 $\varphi_{12} = \theta_1 - \theta_2 > 0$，称 u_1 超前 u_2，或 u_2 滞后 u_1，如图 2-3d 所示。

5）若 $\varphi_{12} = \theta_1 - \theta_2 < 0$，称 u_1 滞后 u_2，或 u_2 超前 u_1。

2.1.3　正弦量的有效值

正弦量的有效值是根据交流电流和直流电流热效应相等的原则来确定的。设一交流电流 i 和直流电流 I 分别通过同一电阻 R，在一个周期的时间 T 内产生的热量相等，则这个直流电流 I 的数值叫做交流电流 i 的有效值。有效值用大写字母表示，如 U、I 等。

可以证明，$U = \dfrac{U_m}{\sqrt{2}}0.707U_m$，$I = \dfrac{I_m}{\sqrt{2}} = 0.707I_m$。

通常我们所说的交流电压、电流的大小都是指有效值，如日常生活和生产中用到的照明电 220V 和动力电 380V 均指有效值；交流电流表、电压表所测出的数据也是交流电的有效值；一般电器设备上所标明的额定电压、电流值也是有效值。

根据交流量有效值与最大值的关系，正弦量的解析式也可以写成

$$i = \sqrt{2}I\sin(\omega t + \theta)$$

有效值的推导：

在一个周期 T 内直流电通过电阻 R 所产生的热量为 $Q = I^2RT$；交流电通过同一电阻 R 时，在一个周期 T 内所产生的热量为 $Q = \displaystyle\int_0^T i^2R\mathrm{d}t$。

根据有效值的定义得 $I^2RT = \displaystyle\int_0^T i^2R\mathrm{d}t$，将 $i = I_m\sin(\omega t + \theta)$ 代入得

$$I = \sqrt{\frac{1}{T} \int_0^T I_m^2 \sin^2(\omega t + \theta) dt}$$

$$= \sqrt{\frac{I_m^2}{T} \int_0^T \frac{1 - \cos 2(\omega t + \theta)}{2} dt}$$

$$= \sqrt{\frac{I_m^2}{T} \left[\int_0^T \frac{1}{2} dt - \frac{1}{2} \int_0^T \cos 2(\omega t + \theta) dt \right]}$$

$$= \sqrt{\frac{I_m^2}{T} \left(\frac{T}{2} - 0 \right)}$$

$$= \frac{I_m}{\sqrt{2}}$$

$$= 0.707 I_m$$

该式的推导过程中用到了"周期函数在一个周期内的积分为零"的结论。

同理，正弦电压的有效值为 $U = \dfrac{U_m}{\sqrt{2}} = 0.707 U_m$。

【例题 2-1】 已知 $u = 311\sin 314t$ V，试求电压的有效值 U。

解：已知最大值 $U_m = 311$ V，则有效值 $U = \dfrac{1}{\sqrt{2}} U_m = \dfrac{1}{\sqrt{2}} \times 311$ V $= 220$ V。

【例题 2-2】 一正弦电压的初相为 30°，有效值为 100V，试求它的解析式。

解：因为有效值 $U = 100$ V，则最大值 $U_m = \sqrt{2} U = 100\sqrt{2}$ V，

则电压的解析式为 $u = 100\sqrt{2}\sin(\omega t + 30°)$ V。

【例题 2-3】 已知正弦电流最大值为 20A，频率为 100Hz，在 0.02s 时，瞬时值为 15A，求初相 φ，写出解析式。

解：由 $i = I_m \sin(\omega t + \varphi)$，带入相应值，得

$$15 = 20\sin(2\pi \times 100 \times 0.02 + \varphi)$$

$$\varphi = \arcsin \frac{15}{20} - 4\pi = 48.6°$$

解析式为 $i = 20\sin(200\pi t + 48.6°)$ A。

【例题 2-4】 已知电压相量 $\dot{U} = (20 + j15)$ V，频率 $f = 50$ Hz，求 $t = 0.01$ s 时的瞬时值。

解：化为极坐标式 $\dot{U} = (20 + j15)$ V $= 25\underline{/36.9°}$ V，可得解析式

$$u = 25\sqrt{2}\sin(100\pi t + 36.9°) \text{ V，将 } t = 0.01 \text{ s 代入}$$

$$u\big|_{t=0.01} = 25\sqrt{2}\sin(100\pi \times 0.01 + 36.9°) \text{ V} = -21.2 \text{ V}。$$

2.1.4 复数及其运算

1. 复数

数学中常用 $A = a + bi$ 表示复数，其中 a 为实部，b 为虚部，$i = \sqrt{-1}$ 称为虚单位。在

工程技术中，为了区别于电流的符号，虚单位用 j 表示。

如果已知一个复数的实部和虚部，就可以确定这个复数。

建立一个复平面（横轴为实轴，纵轴为虚轴），则每个复数在复平面上都可以找到唯一的点与之对应，即复数和复平面的点是一一对应的。如复数 $A = a + bj$，在复平面上表示如图 2-4 所示。

复数还可以用复平面上的一个矢量表示。复数 $A = a + bj$ 可以用一个从原点 O 到 A 点的矢量来表示，如图 2-5 所示。这种矢量为复矢量，矢量的长度称为复数的模，用 r 表示，$r = |OA| = \sqrt{a^2 + b^2}$。

矢量和实轴正方向的夹角 θ 称为复数的辐角，$\theta = \arctan \dfrac{b}{a}$。

可以看出，复数的模在实轴上的投影就是该复数的实部，在虚轴上的投影就是该复数的虚部。它们的表达式为

$$a = r\cos\theta$$
$$b = r\sin\theta$$

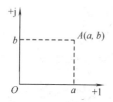

图 2-4 用点表示复数

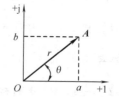

图 2-5 复数的矢量表示

2. 复数的四种表示形式

复数的代数形式：$A = a + bj$

复数的三角形式：$A = r\cos\theta + jr\sin\theta$。

复数的指数形式：$A = re^{j\theta}$。

复数的极坐标形式：$A = r\underline{/\theta}$。

常用的形式是代数式和极坐标式。以代数式做加减法，以极坐标做乘除法。两者的换算公式如下：

从代数式转换成极坐标式为

$$r = \sqrt{a^2 + b^2}$$
$$\theta = \arctan \frac{b}{a}$$

从极坐标式转换成代数式为

$$a = r\cos\theta$$
$$b = r\sin\theta$$

3. 复数的运算

设 $A_1 = a_1 + jb_1 = r_1 \underline{/\theta_1}$，$A_2 = a_2 + jb_2 = r_2 \underline{/\theta_2}$。

（1）复数相等

若 $a_1 = a_2$，且 $b_1 = b_2$ 或 $r_1 = r_2$，且 $\theta_1 = \theta_2$，则 $A_1 = A_2$。

（2）复数的加减法

$$A_1 \pm A_2 = (a_1 \pm a_2) + \mathrm{j}(b_1 \pm b_2)$$

（3）复数的乘除法

$$A_1 \cdot A_2 = r_1 \underline{/\theta_1} \cdot r_2 \underline{/\theta_2} = r_1 r_2 \underline{/(\theta_1 + \theta_2)}$$

$$\frac{A_1}{A_2} = \frac{r_1 \underline{/\theta_1}}{r_2 \underline{/\theta_2}} = \frac{r_1}{r_2} \underline{/(\theta_1 - \theta_2)}$$

（4）共轭复数

对复数 $A = a + \mathrm{j}b = r\underline{/\theta}$，若有 $\overset{*}{A} = a - \mathrm{j}b = r\underline{/-\theta}$，则两者互为共轭复数。在复平面上，它们是以实轴为对称的两个点，两者的模相等。

2.1.5 正弦量的相量表示法

给出一个正弦量 $u = U_m \sin(\omega t + \theta)$

给出一个复平面上的矢量

$$U_m \mathrm{e}^{\mathrm{j}(\omega t + \theta)} = U_m \cos(\omega t + \theta) + \mathrm{j}U_m \sin(\omega t + \theta)$$

可以看出，该复数的虚部即为正弦量的解析式，即复数的虚部与正弦量各瞬间的值一一对应，所以可以用复数表示正弦量。

注意：复数本身并不是正弦函数，因此用复数对应地表示一个正弦量并不意味着两者相等。

由于正弦交流电路中所有的电流、电压都是同频率的正弦量，它们的角频率相同，所以，可以用复数 $U_m \mathrm{e}^{\mathrm{j}\theta}$ 表示一个正弦量的相量。又因为常用到正弦量的有效值，所以也常用 $U\mathrm{e}^{\mathrm{j}\theta}$ 来表示一个正弦量，称作有效值相量。

可见，正弦量的相量表示法就是用模值等于正弦量有效值（或最大值），辐角等于正弦量初相的复数对应地表示相应的正弦量，这样的复数就叫做正弦量的相量。常用 $\dot{U}$、$\dot{I}$ 等表示。如 $\dot{U} = U \underline{/\theta_u}$、$\dot{I} = I \underline{/\theta_i}$。

将同频率正弦量的相量画在同一复平面上所得的图称为相量图。由相量图可直观地看出同频率正弦量的相位关系。显然，只有同频率的多个正弦量的相量画在一个复平面上才有意义。把不同频率正弦量的相量画在同一复平面上没有意义。

只有同频率的正弦量才能运算，运算方法按复数的运算规则进行。不同频率正弦量的相量运算是没有意义的。

用相量表示正弦量进行正弦交流电路运算的方法称为相量法。

同频率的正弦量相加或相减，所得结果仍是一个同频率的正弦量。

设 i_1、i_2 的相量分别为 $\dot{I}_1$、$\dot{I}_2$，可以证明，若 $i = i_1 + i_2$，则一定有

$$\dot{I} = \dot{I}_1 + \dot{I}_2$$

即正弦量的和的相量等于正弦量的相量和。

有了正弦量的相量表示法，就可以用相量的运算来进行正弦量的运算。运算时，要先把正弦量的瞬时值表达式改写成相量表达式，然后进行运算，最后还要将运算结果再改写成瞬时值表达式。要注意，瞬时值式与相量式是对应关系，不是相等关系，两者不能用等号连接，只能分别写出，如

$$u = U_m \sin(\omega t + \theta) \neq U \angle \theta$$

$$\dot{U} = U \angle \theta_u \neq U_m \sin(\omega t + \theta)$$

正弦交流电也可以用旋转相量图来表示，所谓旋转相量图表示法，就是用一个在直角坐标中绕原点不断旋转的相量来表示正弦交流电的方法。正弦交流电的旋转相量通常用符号"$\dot{E}_m$、$\dot{U}_m$、$\dot{I}_m$"表示。

应该说明：上述交流电中的物理量并不是物理学意义上的相量，只是由于其合成和分解法则与后者相同，也可采用平行四边形法则，为叙述方便，称其为"相量"。

【例题 2-5】已知：复数 $A = 4 + j5$，$B = 6 - j2$。试求 $A + B$，$A - B$，$A \times B$ 和 $A \div B$。

解： 复数的加、减法一般采用复数的代数形式比较方便，即

$$A + B = (4 + 6) + j[5 + (-2)] = 10 + j3$$

$$A - B = (4 - 6) + j[5 - (-2)] = -2 + j7$$

复数的乘、除法一般采用复数的极坐标形式比较方便，即

$$A = 4 + j5 = 6.4\angle 51.3° \qquad B = 6 - j2 = 6.3\angle -18.4°$$

$$A \times B = 6.4\angle 51.3° \times 6.3\angle -18.4°$$

$$= 6.4 \times 6.3\angle 51.3° + (-18.4°)$$

$$\approx 40.325\angle 32.9°$$

$$A \div B = 6.4\angle 51.3° \div 6.3\angle -18.4°$$

$$= 6.4 \div 6.3\angle 51.3° - (-18.4°)$$

$$\approx 1.06\angle 69.7°$$

【例题 2-6】把下列正弦量表示为有效值相量。

（1）$i = 10\sin(\omega t - 45°)$ A

（2）$u = -220\sqrt{2}\sin(\omega t + 90°)$ V

（3）$u = 220\sqrt{2}\cos(\omega t - 30°)$ V

解：

（1）$\dot{I} = 7.07\angle -45°$ A

（2）$\dot{U} = 220\angle -90°$ V

注意： 先把负量变成正量，$\pm 180°$。当初相是正值时，$-180°$；当初相是负值时，$+180°$。再化为相量。

电路基础

（3）$\dot{U} = 220 \angle 60° \text{V}$

注意：先将余弦量化为正弦量，+90°，再化为相量。

【例题 2-7】把下列有效值相量表示为正弦量。

（1）$\dot{I} = 7 \angle 45° \text{A}$ 　　　　　（2）$\dot{U} = 380 \angle 80° \text{V}$

（3）$\dot{I} = 2\sqrt{2} \angle -45° \text{A}$ 　　　（4）$\dot{U} = 80 \angle -30° \text{V}$

解：（1）$i = 7\sqrt{2}\sin(\omega t + 45°) \text{A}$

　　（2）$u = 380\sqrt{2}\sin(\omega t + 80°) \text{V}$

　　（3）$i = 4\sin(\omega t - 45°) \text{A}$

　　（4）$u = 80\sqrt{2}\sin(\omega t - 30°) \text{V}$

 ## 练习与思考

1. 已知复数 $A_1 = -5 + \text{j}2$ 和 $A_2 = 3 + \text{j}4$，试求 $A_1 + A_2$、$A_1 - A_2$、$A_1 \cdot A_2$、A_1/A_2。

2. 试求下列各正弦量的周期、频率和初相，二者的相位差如何？

（1）$3\sin 314t$；　　　　　　　（2）$8\sin(5t + 17°)$

3. 已知工频正弦交流电流在 $t = 0$ 时的瞬时值等于 0.5A，计时开始该电流初相为 30°，求这一正弦交流电流的有效值。

4. 正弦量的三要素是什么？

5. 有效值与最大值的区别是什么？

6. 相位与初相由什么区别？

7. 在某电路中，$u(t) = 141\cos(314t - 20°)$，（1）指出它的频率、周期、角频率、幅值、有效值和初相角各是多少？（2）画出波形图。（3）如果 $u(t)$ 的正方向选相反方向，写出 $u(t)$ 的表达式，画出波形图，并确定（1）中的各项是否改变？

8. 两个同频率正弦量的相位差等于 0 时，二者的相位关系称做什么？

9. 两个同频率正弦量的相位差等于 90° 时，二者的相位关系称做什么？

10. 两个同频率正弦量的相位差等于 180° 时，二者的相位关系称做什么？

任务二　识别正弦交流电路中的元件

 ## 学习目标

　↘ **知识目标**

　1. 重点掌握正弦交流电路中电阻元件、电感元件、电容元件的电压和电流的关系；

2. 掌握正弦交流电路中电阻元件、电感元件、电容元件的功率表达式；

3. 掌握 R、L、C 元件的阻抗特性的测量方法。

↘ 能力目标

1. 了解电阻、电容和电感元件在实际生产生活中的应用；

2. 重点掌握常用电容器的种类及性能、电容器的规格与标注方法；

3. 重点掌握电感器的命名方法，电感规格的标注方法和电感元件的检测；

4. 会测试 R、L、C 元件的阻抗特性。

学习任务书

学习领域	电 路		学习小组、人数	第 组、 人
学习情境	识别正弦交流电路中的元件		专业、班级	
任务内容	T2-1	识别电阻元件		
	T2-2	识别电容元件		
	T2-3	识别电感元件		
	T2-4	测试 R、L、C 元件的阻抗特性		
学习目标	1. 掌握正弦交流电路中电阻元件、电感元件、电容元件的伏安特性 2. 明确电阻元件、电感元件、电容元件在实际生产生活中的应用 3. 掌握 R、L、C 元件的阻抗特性的测量方法			
任务描述	给出几种不同类型的电阻、电感、电容元件，先让学生认识其种类、规格与标注方法。然后将其放入具体的交流电路中，通过测试这三个元件的阻抗特性，从而掌握其伏安特性和阻抗特性，进而达到能够根据实际需要，灵活的选择、使用这三个元件			
对学生的要求	1. 认识电阻、电容和电感元件，了解其在实际电路的作用，掌握其电压与电流的关系，掌握其功率情况 2. 学会使用信号发生器、示波器、毫伏表等仪器，会用这些仪器测试 R、L、C 元件的阻抗特性 3. 学生必须具有团队合作的精神，以小组的形式完成学习任务			

 **任务资讯**

2.2.1 识别电阻元件

1. 电阻元件上电压与电流的关系

如图 2-6 所示，在线性电阻 R 两端加上正弦交流电压 u，电阻中便有电流 i 通过，取电压与电流为关联参考方向时，在任一瞬间，电压 u 和电流 i 的瞬时值仍符合欧姆定律，即 $i = \dfrac{u}{R}$。

设
$$u = U_{\mathrm{m}} \sin(\omega t + \theta)$$

则
$$i = \frac{u}{R} = \frac{U_{\mathrm{m}}}{R} \sin(\omega t + \theta)$$

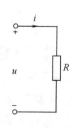

图 2-6 纯电阻元件

$$= I_{\mathrm{m}}\sin(\omega t + \theta)$$

式中，$I_{\mathrm{m}} = \dfrac{U_{\mathrm{m}}}{R}$，两边除以 $\sqrt{2}$，便得到 $I = \dfrac{U}{R}$。因为 R 为纯实数，所以上式可写成相量式 $\dot{I}$

$= \dfrac{\dot{U}}{R}$，即 $\dot{U} = R\dot{I}$，此式为相量形式的欧姆定律。

如图 2-7 所示为电阻元件电压、电流的波形图和相量图，两者是同相关系。

由以上分析可以得出：

1）电阻元件上电流和电压的瞬时值、最大值、有效值、相量式都符合欧姆定律。

2）电阻元件上电流和电压同相。

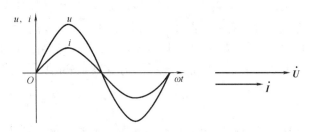

图 2-7　电阻元件电压、电流的波形图和相量图

2. 电阻元件的功率

在正弦交流电路中，任一瞬间，电阻元件上电压的瞬时值与电流的瞬时值的乘积叫做该电阻元件的瞬时功率，用小写字母 p 表示，即 $p = ui$。

设电阻元件电流的初相为零，即 $i = I_{\mathrm{m}}\sin\omega t$，取电流、电压为关联参考方向时，其端电压为 $u = U_{\mathrm{m}}\sin\omega t$。则电阻 R 吸收的瞬时功率为

$$p = ui = U_{\mathrm{m}}\sin\omega t \cdot I_{\mathrm{m}}\sin\omega t$$

$$= U_{\mathrm{m}}I_{\mathrm{m}}\sin^2\omega t = \frac{1}{2}U_{\mathrm{m}}I_{\mathrm{m}}(1 - \cos2\omega t)$$

$$= UI(1 - \cos2\omega t)$$

电阻元件的瞬时功率以电流频率的两倍作周期性变化，任一瞬间电压、电流同号。所以瞬时功率恒为正值，表明电阻元件是一耗能元件。除了电流为零的瞬间，电阻元件总是从电源吸收功率的。

瞬时功率 p 在电流、电压的一个周期内的平均值称为平均功率，用大写字母 P 表示。工程上用平均功率来衡量电路消耗功率的情况，所以平均功率又称为有功功率。习惯上将"平均"或"有功"二字省略，简称为功率。

平均功率就是瞬时功率在一个周期内的平均值，即 $P = UI = I^2R = \dfrac{U^2}{R}$。

可以看出，上式与直流电路完全相同，但与直流电路中各符号的意义不同，此处的 U、I 均指正弦量的有效值。

电阻在直流电路中的识别在模块一的任务二中已经学习，这里不再重复。

2.2.2　识别电容元件

1. 电容

任何两个彼此靠近而又相互绝缘的导体都可以构成电容器。这两个导体叫做电容器的两个极，它们之间的绝缘物质叫做介质。

给电容器的两个极板接上电源的正负极，即可对电容器充电。充电后的电容两个极板会积聚等量异号电荷，两极间存在电压，在介质中建立起电场，储存电场能量。充电后撤去电源，由于介质绝缘，两极板上的异号电荷仍可聚集在两极板上，电场继续存在。所以，电容器是一种能够储存电能的元件，这就是电容器的基本电磁性能。如果忽略电容器的其他次要性能，电容器即可用一个代表其基本电磁性能的理想二端元件作为模型。这个理想二端元件就是电容元件，符号如图 2-8 所示。其中 $+q$ 与 $-q$ 代表该元件正、负极板上的电量。电容元件上的电压参考方向规定为由正极板指向负极板，则任

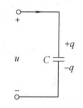

图 2-8　电容元件

何时刻都有以下关系：电量 q 与电压 u 成正比。关系式如下：

$$C = \frac{q}{u}$$

式中，C 叫做电容元件的电容量，简称电容。它是一个与电量 q、电压 u 无关的正实数，但在数值上等于电容元件上每一个单位电压所能容纳的电量。

电容的国际单位为法拉（F），简称法，常用的单位还有 μF（微法）、pF（皮法），它们之间的换算关系为 $1\,\mu F = 10^{-6} F$，$1\,\mu F = 10^{-12} F$。

如果电容元件的电容为常量，不随它所带电量的变化而变化，这样的电容元件称为线性电容元件。本书只涉及线性电容元件。

2. 电容元件上的电压和电流关系

（1）电容元件的 $u-i$ 关系

当电容元件极板间的电压 u 变化时，极板上的电荷量也随之变化，即电路中会出现电荷的转移而形成电流（即电容电流）。

对如图 2-8 所示的电容元件，选择电压电流为关联参考方向。假设在时间 dt 内，极板上的电荷量改变了 dq，则由电流的定义有

$$i = \frac{dq}{dt} = C\frac{du}{dt}$$

上式为关联参考方向下，电容元件的电压与电流瞬时值关系式，即电容元件的 $u-i$ 关系。它表明，任何时刻，线性电容元件的电流与该时刻电压的变化率成正比，只有当极板间电压发生变化时，电容支路才形成电流。因此电容元件也叫做动态元件。如果极板间电压不发生变化，则电容支路的电流为零。在直流电路中，电容相当于开路。因而，电容元件具有隔直流、通交流的特性。

设电压、电流瞬时值表达式为 $i = I_m \sin(\omega t + \theta_i)$，$u = U_m \sin(\omega t + \theta_u)$，则

$$i = C\frac{du}{dt} = C\frac{d}{dt}\left[U_m \sin(\omega t + \theta_u)\right] = \omega C U_m \cos(\omega t + \theta_u) = \omega C U_m \sin(\omega t + \theta_u + 90°)$$

代入上式，与电流式对应，可得电压、电流最大值（或有效值）间的关系：$I_m = \omega C U_m$

两边除以 $\sqrt{2}$，得电压、电流有效值间的关系：$I = \omega C U$

令 $X_C = \dfrac{1}{\omega C}$，则以上两式可写成：$X_C I_m = U_m$ 与 $X_C I = U$

X_C 称为电容元件的容抗，表示对电流的阻碍作用。X_C 的单位与电阻一样，也是 Ω。

X_C 与 ω 成反比，在一定电压下，频率越低，X_C 越大，则 I 越小；频率越高，X_C 越小，则 I 越大，即电容元件在交流电路中具有阻低频、通高频的特性。

电压、电流相位间的关系为 $\theta_i = \theta_u + 90°$。

即在关联参考方向下，电容元件上的电流超前电压90°。

（2）电容元件的 $\dot{U}$ – $\dot{I}$ 关系

$$\dot{U} = U \underline{/\theta_u}$$

$$\dot{I} = \omega C U \underline{/(\theta_u + \frac{\pi}{2})} = \text{j}\omega C U \underline{/\theta_u} = \text{j}\omega C \dot{U}$$

即 $\quad \dot{U} = \dfrac{1}{\text{j}\omega C} \dot{I} = -\text{j}X_C \dot{I}$

此式为电容元件上电压与电流的相量关系式。图 2-9 所示为电容元件电压与电流的相量图。由以上分析可得结论：

1）电容元件上的电压与电流的最大值之间、有效值之间符合欧姆定律。

2）电容元件上存在容抗，$X_C = \dfrac{1}{\omega C}$。

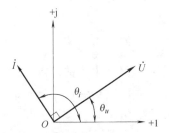

图 2-9　电容元件电压与电流的相量图

3）电容元件上的电压与电流的相量关系式为 $\dot{U} = -\text{j}X_C \dot{I}$。

4）电容元件上电压与电流同频率，在相位上，电流超前电压90°。

（3）电容元件的功率

1）瞬时功率：在关联参考方向下，设电容元件两端的电压为

$$u = U_m \sin\omega t$$

则 $\quad i = I_m \sin(\omega t + 90°)$

瞬时功率为

$p = ui = U_m \sin\omega t \cdot I_m \sin(\omega t + 90°) = UI\sin2\omega t$

上式说明，电容元件的瞬时功率也是以两倍于电流频率按正弦规律变化的。电容元件的电压、电流和瞬时功率的波形如图 2-10 所示。

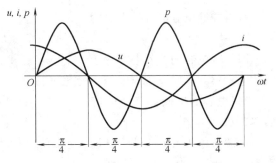

图 2-10　电容元件的电压、电流和瞬时功率的波形

2）平均功率 $p = \dfrac{1}{T}\displaystyle\int_0^T p\,\mathrm{d}t = \dfrac{1}{T}\displaystyle\int_0^T UI\sin2\omega t\,\mathrm{d}t = 0$。

平均功率为零，说明电容元件不消耗能量，它是一个储能元件。这点也可以通过功率波形图说明，在第一、三个 $T/4$ 内，瞬时功率为正，电容元件从外界吸收能量；在第二、四个 $T/4$ 内，瞬时功率为负，电容元件向外释放能量。在一个周期内，吸收与释放的能量相等，所以电容元件是储能元件。

3）无功功率：为了衡量电容元件与外界交换能量的规模，引入无功功率。

把电容元件上电压有效值和电流有效值的乘积的负值叫做电容元件的无功功率，用 Q_C 表示，即

$$Q_C = -UI = -I^2 X_C = -\frac{U^2}{X_C}$$

这里的"无功"的含义是，功率仅进行交换而不消耗，并不是"无用"。无功功率的单位是乏（var），工程上也常用千乏（kvar），它们的换算关系为 $1kvar = 1000var$。

4）电容元件的储能：电容元件的瞬时功率为

$$p = ui = u \cdot C\frac{\mathrm{d}u}{\mathrm{d}t}$$

设 $t = 0$ 时瞬时电压为零，经过时间 t，电压上升到 u，电容元件储存的电场能量为

$$W_C = \int_0^t p\mathrm{d}t = \int_0^u uC\mathrm{d}u = \frac{1}{2}Cu^2$$

即电场能量 $$W_C = \frac{1}{2}Cu^2$$

（4）电容的连接

1）电容的并联：三个电容 C_1、C_2、C_3 并联，如图 2-11 所示。

设端口电压为 u，则每个电容的电压都为 u，它们所充的电量为

$q_1 = C_1u$、$q_2 = C_2u$、$q_3 = C_3u$

并联后的所充的总电量为

$q = q_1 + q_2 + q_3 = (C_1 + C_2 + C_3)u$

可得并联电容的等效电容为

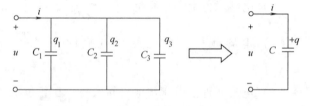

图 2-11　电容的并联

$$C = C_1 + C_2 + C_3$$

即并联电容的等效电容等于各个电容之和。并联的电容数目越多，总电容就越大。显然，电容器并联时，工作电压不能超过它们中的最低耐压值（额定电压）。

2）电容的串联：三个电容 C_1、C_2、C_3 串联，如图 2-12 所示。

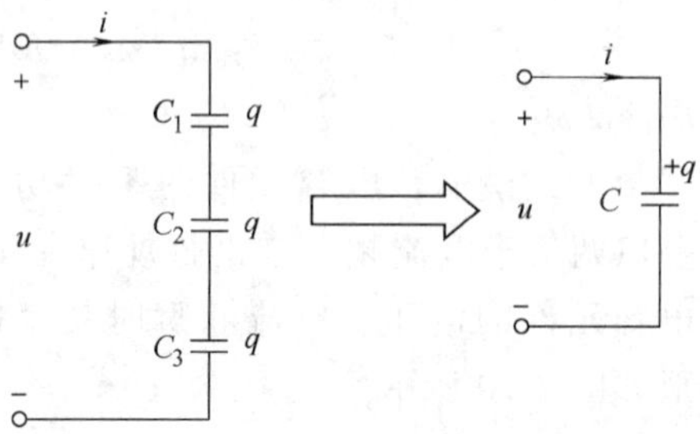

设端口电压为 u，则每个电容所带的电量相等，均为 q，则每个电容的电压为

$$u_1 = \frac{q}{C_1}, \quad u_2 = \frac{q}{C_2}, \quad u_3 = \frac{q}{C_3}$$

串联后的总电压为

$$u = u_1 + u_2 + u_3 = \left(\frac{1}{C_1} + \frac{1}{C_2} + \frac{1}{C_3}\right)q$$

图 2-12　电容的串联

可得的串联电容的等效电容为

$$\frac{1}{C} = \frac{1}{C_1} + \frac{1}{C_2} + \frac{1}{C_3}。$$

即串联电容的等效电容的倒数等于各串联电容的倒数之和。

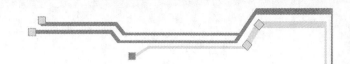

串联电容等效电容小于串联的每个电容。

对于任何一个电容 C 一定的电容器，当工作电压等于其耐压值 U_M 时，它所带的电量 $q_M = CU_M$，即为电量的限额。只要电量不超过这一限额，电容器的工作电压就不会超过其耐压。

几个电容串联后的工作电压应按如下两个步骤来确定：

① 求各串联电容的电量，取其中最小值作为电量的限额 q_M；

② 根据串联电容的电量相等，确定等效电容的工作电压；

$$U_M = \frac{q_M}{C_1} + \frac{q_M}{C_2} + \frac{q_M}{C_3} \text{或} \ U_M = \frac{q_M}{C}$$

【例题 2-8】 电阻 $R = 40\Omega$，$C = 25\mu F$ 的电容器相串联后接到 $u = 100\sqrt{2}\sin 500t \text{V}$ 的电源上。试求电路中的电流 $\dot{I}$ 并画出相量图。

解： $\dot{U} = 100\underline{/0°}\text{V}$，$Z = R - jX_C = 40\Omega - j\frac{10^6}{500 \times 25}\Omega = 89.4\underline{/-63.4°}\Omega$

$$\dot{I} = \frac{\dot{U}}{Z} = \frac{100\underline{/0°}}{89.4\underline{/-63.4°}}\text{A} \approx 1.12\underline{/63.4°}\text{A}$$

电压、电流的相量图如图 2-13 所示。

3. 电容器简介

电容器是电子设备中的主要元件之一，其种类繁多，价格差距很大，特别是其标志方式的多样性使得读者对电容器的识别遇到一定困难。为了适应工作需要，专业人员应了解、熟悉其性能，掌握其识别查询和检测方法。

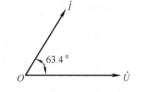

图 2-13　电压、电流的相量图

（1）常用电容器的种类及性能

电容器的性能、结构和用途在很大程度上取决于电容器的介质，对设计者来说，如何选择电容器的种类就是一个实际问题，见表 2-1。

表 2-1　几种常用电容器的性能

种　类	性 能 特 点	用　途
纸介电容器（含金属化纸介电容器）	用两片金属箔做电极，介质为电容纸，卷成圆柱形，电感和损耗都较大	1. 广泛应用于无线电、家电 2. 不宜在高频电路中使用
瓷介电容器	用陶瓷做介质，特点是体积小，耐热性好，损耗小，绝缘电阻高	适用于高频、高压电路、温度补偿、旁路和耦合电路等
铝电解电容器	见后面关于"电解电容器"的说明	1. 大量应用于电子装置、家用电器中 2. 应用于工作温度范围较窄、频率特性要求不高的场合
钽电解电容器	优点： ① 体积小 ② 上下限温度范围宽 ③ 频率特性好 ④ 损耗小 缺点：价格高	应用于要求较高的场合

种　类	性 能 特 点	用　途
聚苯乙烯薄膜电容器	优点： ① 绝缘电阻高、损耗小 ② 容量精度高 ③ 稳定性高 缺点：耐热及耐潮湿性差	应用广泛，如谐振回路、滤波和耦合回路等
云母电容器	优点： ① 稳定性高 ② 可靠性高 ③ 高频特性好 缺点：体积较大	应用于无线电设备

（2）电容器的容量标称法

电容器的标称值：类似电阻的标称值（见表 2-2）。

表 2-2　固定电容器标称容量

系　列	E24	E12	E6	E3
允许偏差		±10%	±20%	
标称电容	10	10	10	10
	11 12	12		
			15	
	16 18	18		
	20 22		22	
	24 27			
	30 33		33	
	3.6 3.9	3.9		
	4.3 3.7	4.7	4.7	4.7
	5.1 5.6	5.6		
	6.2 6.8	6.8	6.8	
	7.5 8.2	8.2		
	9.1			

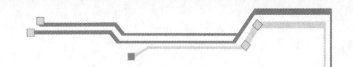

（3）电容器的规格与标注方法

1）直标法，如图2-14所示。

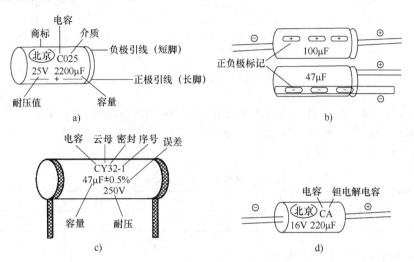

图2-14 直标法示例

2）不标单位的直接表示法，如图2-15所示。

3）国际单位制表示法：用数字表示有效值，字母表示数值的量级，如图2-16所示。

4）数码法：一般用三位数字表示电容器容量的大小，其单位为pF。其中第一、二位为有效值数字，第三位表示倍乘数，即表示有效值后0的个数。数码法倍乘数表示的意义见表2-3。

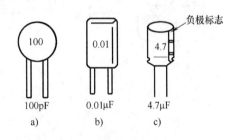

图2-15 不标单位的直接表示法示例

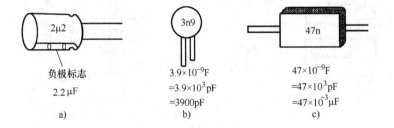

图2-16 国际单位制表示法示例

表2-3 数码法倍乘数表示的意义

标 称 数 字	倍 乘 数
0、1、2、3、4、5、6、7、8、9	10^0、10^1、10^2、10^3、10^4、10^5、10^6、10^7、10^8、10^9

数码表示法示例如图2-17所示。

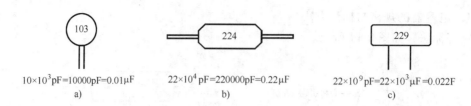

$10 \times 10^3 \text{pF} = 10000 \text{pF} = 0.01 \mu\text{F}$ $22 \times 10^4 \text{pF} = 220000 \text{pF} = 0.22 \mu\text{F}$ $22 \times 10^9 \text{pF} = 22 \times 10^3 \mu\text{F} = 0.022 \text{F}$

a)   b)   c)

图 2-17　数码表示法示例

5）色码表示法：电容器的色码表示法和电阻器的色码表示法基本相同，它也是用 10 种颜色表示 10 个数字，即棕、红、橙、黄、绿、蓝、紫、灰、白、黑，代表 1、2、3、4、5、6、7、8、9、0。见表 2-4。

表 2-4　颜色和数字的对应关系

颜色	棕	红	橙	黄	绿	蓝	紫	灰	白	黑
数字	1	2	3	4	5	6	7	8	9	0

三环表示法示例如图 2-18 所示。

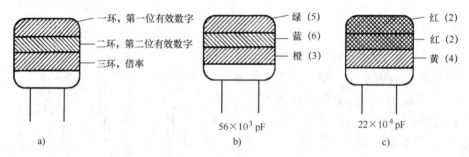

a) $56 \times 10^3 \text{pF}$ $22 \times 10^4 \text{pF}$

b)   c)

图 2-18　三环表示法示例

四环表示法示例如图 2-19 所示。

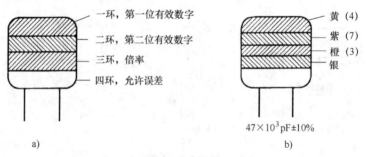

a) $47 \times 10^3 \text{pF} \pm 10\%$

b)

图 2-19　四环表示法示例

五环表示法示例如图 2-20 所示。

电容量除了以上表示法外，还有六环表示法、色点表示法、颜色和数字标注法、字母加数字表示法。

（4）关于电解电容器的说明

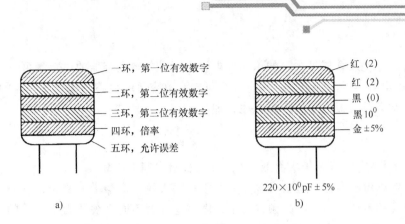

一环，第一位有效数字	红 (2)
二环，第二位有效数字	红 (2)
三环，第三位有效数字	黑 (0)
四环，倍率	黑 10^0
五环，允许误差	金 ±5%

220×10^0 pF ± 5%

a)   b)

图 2-20　五环表示法示例

1）电解电容器的结构：图 2-21 所示的是有极性电解电容器内部的结构示意图。图中所示是一个铝电解电容器，分别用两层铝箔作为电容器的正、负极板，在这正、负极板上分别引出正、负极性引脚。

在两铝箔之间用绝缘纸隔开，使电容器的两极板绝缘。然后，将整个铝箔紧紧地卷起来，浸渍电解质，再用外壳密封起来，由于其介质与电解液有关，故称为电解电容器。

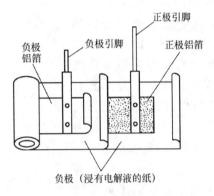

图 2-21　电解电容器结构示意图

2）电解电容器的极性：电解电容器封装后，由于电解液的化学反应在铝箔表面形成了一层氧化膜，该氧化膜类似半导体中的 PN 结，具有单向导电的特征，其工作示意图如图 2-22 所示。

当电解电容器的正极引脚接高电位、负极引脚接低电位时，氧化膜处于阻流状态，如

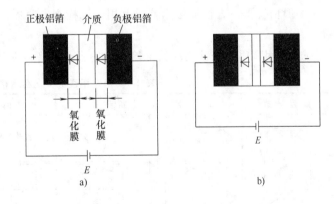

图 2-22　电解电容器工作示意图

同 PN 结处于反向偏置状态，此时施加在原两极板上的电压被氧化膜分担，减小了两极板之间的电场压力，从而提高了电容器的耐压水平。如图 2-22a 所示，而当负极引脚接高电位、正极引脚接低电位时，氧化膜如同 PN 结的正向导通一样，那么两极板之间的电场压力都加在介质上，极易造成击穿损坏，如图 2-22b 所示。

从上述有极性电解电容器的结构分析可知，电容器有极性是因为内部结构的原因。由

于极性板可以卷绕及介质氧化膜的单向导电性原因，电解电容器的电容量可以做得很大。

3）电解电容器的附加电感：由电工学可知，电容量的大小与构成电容器的极板面积、介质的介电常数及极板之间的距离有关，即

$$C = \frac{\varepsilon S}{3.6\pi d}$$

式中，ε 为介电常数；S 为极板有效面积；d 为极板之间的距离。

所以，铝电解电容器为追求大容量，必须使两极板的铝箔增大变长，卷绕起来后就自然形成了较大的附加电感。在高频状态下，电解电容器不能再被认为是单纯的电容器，而是电容器和附加电感相串联的混合体。在去耦电路中，为了消除附加电感对高频电流的阻抗，就需要在电解电容器上并联一个较小的固定电容器。简单地讲，大容量的电解电容器对低频成分去耦，而对高频成分的去耦则由小容量的无感电容器来完成。例如，为了削弱通过电源内阻造成的寄生反馈，通常在供电电路中加入阻容去耦电路，如图 2-23 所示的 C_1、C_2—R—C_3、C_4。图 2-23 中的 C_2、C_3 都是小容量的无感电容器，C_1、C_4 为大容量的电解电容器。

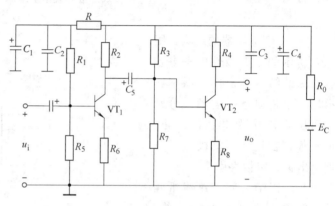

图 2-23　阻容去耦电路

4）电容器的简易检测：电容器的常见故障是开路失效、短路击穿、漏电或电容量变化。一般情况下，人们都是用普通万用表来检查电容器。下面对电容器的检测进行简单介绍。

① 利用万用表表针摆动情况检测电容器的好坏（见表 2-5）

表 2-5　用万用表进行电容器检测

量程选择	正常	断路损坏	短路损坏	漏电现象	说　明
×10k(<1μF) ×1k(1~100μF) ×100(>100μF)	表针先向右偏转，再缓慢向左回归	表针不动	表针不回归	R<500kΩ	1. 要根据电容量的大小来选择量程 2. 重复检测某一电容器时，每次都要将被测电容器短路一次（放电）

② 电解电容器极性的判别

若当电解电容器元件标注不明确时，可通过测量其漏电流的方式来判断正、负极性。

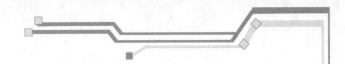

将万用表调至 $R \times 100$ 或 $R \times 1k$ 档，先测量电解电容器的漏电阻值，再对调红、黑表笔测量第一个漏电阻值，最后比较两次的测量结果。在漏电阻值较大的那次测量中，黑表笔接的一端表示电解电容器的正极，红表笔接的一端表示负极。

注意：对于检测 pF 级的小电容，因电容量太小，用指针式万用表测量难以观察到表针偏转。

2.2.3　识别电感元件

1. 电磁感应定律

1831 年科学家法拉第从一系列实验中发现规律：当穿过闭合回路所围面积的磁通发生变化时，回路中都会产生感应电动势及感应电流，且此感应电动势正比于磁通量对时间的变化率。这一结论称为法拉第定律。这种由于磁通的变化而产生感应电动势的现象称为电磁感应现象。法拉第定律经楞次定律补充后，完整地反映了电磁感应的规律，这就是电磁感应定律。数学表达式为

$$\varepsilon = -\frac{\mathrm{d}\Psi}{\mathrm{d}t}$$

2. 电感元件的基本概念

实际线圈通入电流时，线圈内及周围都会产生磁场，并储存磁场能量。电感元件就是反映实际线圈这一基本性能的理想二端元件，实际线圈的理想化模型。电感元件的图形符号如图 2-24 所示。

电感线圈内有电流 i 流过时，电流在该线圈内就会产生磁通，该磁通称为自感磁通，用符号 Φ 表示，磁通的国际单位为韦伯（Wb），简称韦。

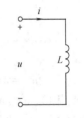

图 2-24　电感元件的图形符号

如果线圈的匝数为 N，且穿过每一匝线圈的自感磁通都是 Φ，则总磁通为 $N\Phi$，称为自感磁链 Ψ，即 $\Psi = N\Phi$。自感磁链 Ψ 的参考方向与产生它的电流 i 的参考方向符合右手螺旋关系时，称为关联参考方向（右手四指弯曲握电流，拇指伸直表示磁通的方向）。在关联参考方向下，电感元件的自感磁链 Ψ 与其通过的电流 i 的比值称为电感元件的自感系数或电感系数，简称电感，用符号 L 表示，即 $L = \dfrac{\Psi}{i}$。电感的国际单位为亨利（H），简称亨。常用的单位还有 mH（毫亨）、μH（微亨），换算关系为 $1\text{mH} = 10^{-3}\text{H}$、$1\mu\text{H} = 10^{-6}\text{H}$。

如果电感元件的电感为常量，而不随通过它的电流改变而改变，则称为线性电感元件；否则称为非线性电感元件。今后说的电感元件，除非特别说明，一般都是指线性电感元件。

3. 电感元件上电压和电流的关系

（1）电感元件上电压和电流的 u-i 关系

电感元件上流过的电流变化时，其自感磁链也随之改变。由电磁感应定律知，在电感元件两端会产生自感电动势。若选择电流、电压为关联参考方向，如图 2-24 所示，此时自感磁链为 $\Psi = Li$，根据电磁感应定理，自感电压为

$$u = -\varepsilon = \frac{\mathrm{d}\Psi}{\mathrm{d}t} = L\frac{\mathrm{d}i}{\mathrm{d}t}$$

上式为关联参考方向下，电感元件上电压与电流的瞬时值关系式，即电感元件的 $u-i$ 关系式。它表明，电感元件上电压与电流的变化率成正比。当元件上的电流发生变化时，其两端才会有电压。因此，电感元件也叫动态元件。电流变化越快，自感电压越大；当电流不随时间变化时，则自感电压为零。因此，直流电路中，电感元件相当于短路。

在上述关联参考方向下，设通过电感元件的正弦电流为

$$i = I_{\mathrm{m}}\sin(\omega t + \theta_i)$$

代入上式可得

$$u = I_{\mathrm{m}}\omega L\sin\left(\omega t + \frac{\pi}{2} + \theta_i\right)$$

又因为 u 的一般形式为

$$u = U_{\mathrm{m}}\sin(\omega t + \theta_u)$$

比较两式可得电压、电流最大值（或有效值）间的关系及相位间的关系。

电压、电流最大值（或有效值）间的关系为

$$U_{\mathrm{m}} = I_{\mathrm{m}}\omega L = X_{\mathrm{L}}I_{\mathrm{m}}$$

两边除以 $\sqrt{2}$，则

$$U = I\omega L = X_{\mathrm{L}}I$$

式中，$X_{\mathrm{L}} = \omega L = 2\pi f L$。

X_{L} 称为电感元件的感抗，表示电感对电流的阻碍作用。当 ω 的单位为 rad/s，L 的单位为 H 时，X_{L} 的单位与电阻的单位相同，为 Ω。

电压、电流相位间的关系为

$$\theta_u = \theta_i + 90°$$

即在关联参考方向下，电感元件上的电压超前电流 90°，或者说，电感元件上的电流滞后于电压 90°，如图 2-25 所示。

（2）电感元件上电压和电流的 $\dot{U}-\dot{I}$ 关系

设　　$\dot{I} = I \underline{/\theta_i}$

则　　$\dot{U} = I\omega L \underline{/\theta_i + \dfrac{\pi}{2}} = I\omega L \underline{/\theta_i} \cdot 1 \underline{/\dfrac{\pi}{2}} = \mathrm{j}I\omega L \underline{/\theta_i}$，所以

$$\dot{U} = \mathrm{j}\omega L\dot{I} = \mathrm{j}X_{\mathrm{L}}\dot{I}$$

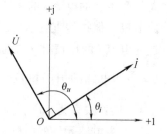

图 2-25　电感元件电压、
电流相量图

由以上分析可得结论：

1）电感元件上的电压与电流的最大值之间、有效值之间符合欧姆定律形式；

2）电感元件上存在着感抗，表达式为 $X_{\mathrm{L}} = \omega L$；

3）电感元件上的电压与电流的相量关系式为 $\dot{U} = \mathrm{j}X_{\mathrm{L}}\dot{I}$；

4）电感元件上的电压与电流同频率，在相位上，电压超前于电流 90°。

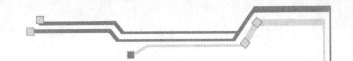

电感元件串并联时，等效电感与电阻串并联的等效电阻的计算方法一致。即

电感串联时，等效电感 $L = L_1 + L_2 + \cdots + L_n$

电感并联时，等效电感 $\dfrac{1}{L} = \dfrac{1}{L_1} + \dfrac{1}{L_2} + \cdots + \dfrac{1}{L_n}$

4. 电感元件的功率

（1）瞬时功率

在关联参考方向下，设通过电感元件的电流为

$$i = I_m \sin\omega t$$

则

$$u = U_m \sin\left(\omega t + \frac{\pi}{2}\right)$$

就有

$$p = ui = U_m \sin\left(\omega t + \frac{\pi}{2}\right) I_m \sin\omega t = UI\sin2\omega t$$

上式说明，瞬时功率是以两倍于电流的频率按正弦规律变化的。电感元件的电压、电流和瞬时功率的波形如图2-26所示。

（2）平均功率

电感元件的平均功率为

$$p = \frac{1}{T}\int_0^T p\,\mathrm{d}t = \frac{1}{T}\int_0^T UI\sin2\omega t\,\mathrm{d}t = 0$$

电感元件的平均功率为零，说明电感元件不消耗能量，它是一个储能元件。这点也可以通过功率波形图说明，在第

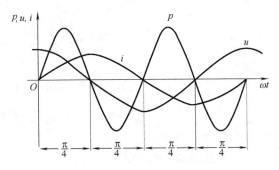

图 2-26　电感元件的电压、电流和瞬时功率的波形

一、三个 $T/4$ 内，瞬时功率为正，电感元件从外界吸收能量，线圈起负载作用；在第二、四个 $T/4$ 内，瞬时功率为负，电感元件向外释放能量，即把磁能转换为电能。在一个周期内，吸收与释放的能量相等，所以电感元件是储能元件。

（3）无功功率

为了衡量电感元件与外界交换能量的规模，引入电感的无功功率。即把电感元件上电压有效值和电流有效值的乘积叫做电感元件的无功功率，用 Q_L 表示。即

$$Q_L = UI = I^2 X_L = \frac{U^2}{X_L}$$

无功功率的单位是乏（var）。容性无功功率为负值，电感的无功功率是正值。这表明，电容与电感能量转换的过程相反，电感吸收能量的同时，电容却在释放能量，反之亦然。

5. 电感元件的储能

电感元件中通入电流时，电流在线圈内及其周围会产生磁场，并储存磁场能量。电感元件的瞬时功率

$$p = ui = Li\frac{\mathrm{d}i}{\mathrm{d}t}$$

设 $t = 0$ 时瞬时电流为零，经过时间 t，电感元件储存的磁场能量为

$$W_L = \int_0^t p\,\mathrm{d}t = \int_0^i Li\,\mathrm{d}i = \frac{1}{2}Li^2$$

即磁场能量 $W_L = \frac{1}{2}Li^2$

【例题 2-9】已知一线圈在工频 50Hz 情况下测得通过它的电流为 1A，在 100Hz、50V 下测得电流为 0.8A，求线圈的参数 R 和 L 各为多少？

解：本题可以利用阻抗关系和欧姆定律求解。即

$$|Z|^2 = R^2 + (\omega L)^2 \text{ 和 } |Z| = \frac{U}{I}$$

工频（50Hz）下　$|Z| = 50\mathrm{V} \div 1\mathrm{A} = 50\Omega$　　　$\omega = 2\pi \times 50 = 100\pi = 314\,\mathrm{rad/s}$

100Hz 下　$|Z| = 50\mathrm{V} \div 0.8\mathrm{A} = 62.5\Omega$　　$\omega = 2\pi \times 100 = 200\pi = 628\,\mathrm{rad/s}$

据题意可列出方程组如下

$$50^2 = R^2 + 314^2 L^2$$
$$62.5^2 = R^2 + 628^2 L^2$$

联立求解可得

$$L \approx 0.069\mathrm{H} = 69\mathrm{mH}$$
$$R \approx 45\Omega$$

6. 电感器元件简介

（1）电感器的命名方法

电阻器和电容器都是标准元件，而电感器除了少数可采用现成产品外，通常为非标准元件，需根据电路要求自行设计、制作。

电感器的命名由名称、特征、型号和序号四部分组成，如图 2-27 所示。

各厂家对固定电感器产品型号的命名方法并不统一，有的用 LG 加产品序号，有的采用 LG 加数字和字母后缀，其后缀数字 1 表示卧式，2 表示立式，G 表示胶木外壳型，后缀 P 表示圆饼形，E 表示耳朵形环氧树脂包封，使用者需要时可查阅相关资料或向商家咨询。

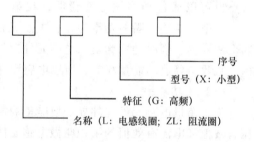

序号
型号（X：小型）
特征（G：高频）
名称（L：电感线圈；ZL：阻流圈）

图 2-27　电感器的命名

（2）色码电感

使用颜色环带（或色点）表示电感线圈性能的小型电感称为色码电感。色码电感以铁氧体磁心为基体，在其外表进行涂覆，如图 2-28 所示。色码电感的适用频率一般在 10kHz ～200MHz 之间，工作电流可分为 50mA、150mA、300mA、700mA 和 1.6A 等档位，其结构分卧式和立式两种。

需要说明的是：现在凡是以数字型号直接表示其性能的电感称小型固定电感。由于小型固定电感与色码电感的体积、功能都很相似，因此把小型电感称为色码电感。现在人们所说的色码电感泛指小型固定电感，其特性见表 2-6。

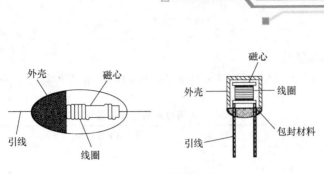

图 2-28　小型固定电感

表 2-6　小型固定电感特征

标　称　值		等级偏差			允许通过的最大电流/mA				
E2 系列		I	II	III	A	B	C	D	E
1、1.2、1.5、1.8、2.2、2.7、3.3、3.9、4.7、5.6、6.8、8.2 乘 10^{-1}、10^0、10^1、10^2… 所得的值		±5%	±10%	±20%	50	150	300	700	1600

（3）电感规格的标注方法

1）直标法，如图 2-29 所示。其中，$L = 22\mu H$，$I = 50 mA$，允许偏差 ±5%。

2）色码表示法。

① 色环表示法：色环法如图 2-30 所示，第一、二环表示两位有效数字，第三环表示倍乘数，第四环表示允许偏差，各色环颜色的含义与色环电阻器相同，单位为 μH。

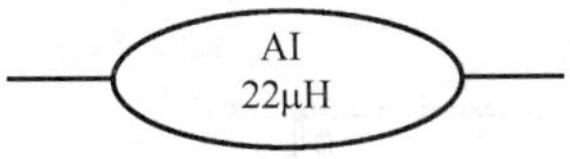

图 2-29　直标法

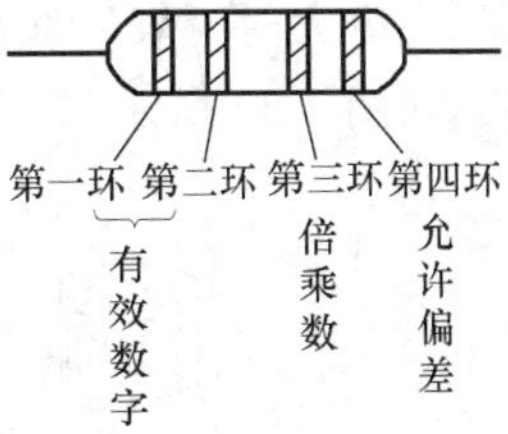

图 2-30　色环表示法

② 色点表示法：色点表示法如图 2-31 所示。

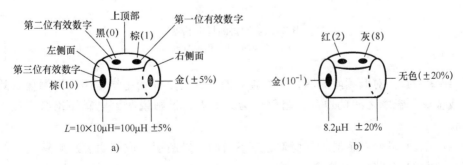

a)

b)

图 2-31　色点表示法

3）色码电感器规格

色码电感器有 LG1、LGX、LG400、LG402 和 LG404 共五种类型，见表 2-7。

表 2-7　色码电感器型号及性能

型　　号	外形尺寸系列	电流组别	电感容量范围[①]
LG1、LGX 型（卧式）	φ5、φ6、φ8、φ1、φ15	A 组 B 组 C 组 E 组	$10\mu H \sim 10mH$ $100\mu H \sim 10mH$ $1\mu H \sim 10mH$ $0.1 \sim 560\mu H$
LG400 型（立式）	φ13	A 组	$10 \sim 820\mu H$
LG402 型（立式）	φ9	A 组	$10 \sim 820\mu H$
LG404 型（立式）	φ5、φ8、φ18	A 组 D 组	$0 \sim 10mH$ $10 \sim 820\mu H$

①"电感容量范围"栏表示在这个范围内选取某一个规格的产品，但必须按电感标称值 E12 系列进行选择。

（4）检测电感器

1）外观检查。看线圈引线是否断裂、脱焊，绝缘材料是否烧焦和表面是否破损等。

2）欧姆测量。通过用万用表测量线圈阻值来判断其好坏，即检测电感器是否有短路、断路或绝缘不良等情况。一般电感线圈的直流电阻值很小（零点几欧至几欧），由于低频扼流圈的电感量大，其线圈圈数相对较多，因此直流电阻相对较大（几百至几千欧）。当测得线圈电阻无穷大时，表明线圈内部或引出端已断线：如果表针指示为零，则说明电感器内部短路，如图 2-32 所示。

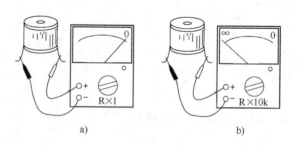

图 2-32　欧姆测量电感器
a）内部短路　b）内部断路

3）绝缘检查。对低频阻流圈，应检查线圈和铁心之间的绝缘电阻，即测量线圈引线与铁心或金属屏蔽罩之间的电阻，阻值应为无穷大，否则说明该电感器绝缘不良，如图 2-33 所示。

4）检查磁心可变电感器。可变磁心应不松动、未断裂，应能用无感旋具（一般用骨头自制）进行伸缩调整，如图 2-34 所示。

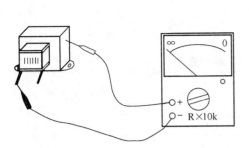

图 2-33　测量低频阻流器

图 2-34　检查磁心可变电感器

2.2.4　测试 *R*、*L*、*C* 元件的阻抗特性

1. 原理说明

1）在正弦交变信号作用下，*R*、*L*、*C* 电路元件在电路中的电流作用与信号的频率有关，它们的阻抗频率特性 $R—f$、$X_L—f$、$X_C—f$ 曲线如图 2-35 所示。

2）元件阻抗频率特性的测量电路如图 2-36 所示。

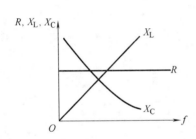

图 2-35　阻抗频率特性曲线

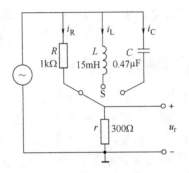

图 2-36　元件阻抗频率特性的测量电路

图中的 *r* 是提供测量回路电流用的标准电阻，流过被测元件的电流则可由 *r* 两端的电压除以 *r* 阻值所得。

2. 测试仪表

（1）信号源、频率计

（2）交流毫伏表

（3）EEL—03 组件（或 EEL—16 组件）

（4）EEL—06 组件（或 EEL—18 组件）

3. 测试内容及步骤

测量 *R*、*L*、*C* 元件的阻抗频率特性的步骤如下：

将信号源正弦波接至如图 2-36 所示的电路，作为激励源 *U*，并用交流毫伏表测量，使激励电压的有效值为 $U = 2V$，并保持不变。

使信号源的输出频率从 1kHz 逐渐增至 20kHz（用频率计测量），并使开关 S 分别接通 *R*、*L*、*C* 三个元件，用交流毫伏表测量 U_r，并通过计算得到各频率点的 *R*、*X*、*L* 与 *X*、*C*

之值，记入表 2-8 中。

表 2-8　阻抗频率特性的测量

频率 f/kHz		1	2	5	10	15	20
R/kΩ	U_r/V						
	I_R ($=U_r/r$)/mA						
	R ($=U/I_R$)/kΩ						
X/kΩ	U_r/V						
	I_L ($=U_r/r$)/mA						
	X_L ($=U/I_L$)/kΩ						
X/kΩ	U_r/V						
	I_C ($=U_r/r$)/mA						
	X_C ($=U/I_C$)/kΩ						

4. 注意事项

交流毫伏表属于高阻抗电表，测量前必须先调零。

 练习与思考

1. 直流情况下，电容的容抗等于多少？容抗与哪些因素有关？

2. 如何理解电容元件的"通交隔直"作用？

3. 如何理解电感元件的"阻交短直"作用？

4. 从哪个方面来说，电阻元件是即时元件，电感和电容元件为动态元件？又从哪个方面说电阻元件是耗能元件，电感和电容元件是储能元件？

5. 查找资料，在电路图中找出电阻、电容、电感相互串联与并联的应用。

6. 如图 2-37 所示电路中，各电感量、交流电源的电压值和频率均相同，问哪一个电流表的读数最小？哪一个电流表的读数最大？为什么？

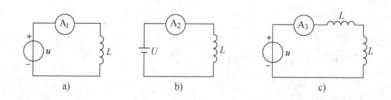

图 2-37　习题 6 图

7. 感抗、容抗和电阻有何相同？有何不同？

任务三　阻抗的连接

学习目标

知识目标

1. 掌握基尔霍夫定律的相量表示法；
2. 掌握阻抗的串联与并联；
3. 掌握应用阻抗进行电路性质判断的方法；
4. 掌握交流电路功率的意义及计算方法。

能力目标

1. 能识别设备中的阻抗与导纳的模型；
2. 掌握阻抗串联与并联的基本规律；
3. 能应用阻抗进行电路性质的判断；
4. 能对交流电路的功率进行计算。

学习任务书

学习领域	电　路		学习小组、人数		第　组、　人
学习情境	阻抗的连接		专业、班级		
任务内容	T3-1	基尔霍夫定律的相量表达式			
	T3-2	复阻抗与复导纳			
	T3-3	阻抗的串联、并联			
	T3-4	电路性质的判断			
	T3-5	交流电路中的功率			
学习目标	1. 学会用相量模型表示基尔霍夫定律 2. 了解复阻抗、复导纳的定义及相互关系 3. 掌握阻抗的串联、并联关系及应用 4. 能应用阻抗进行电路性质的判断 5. 能对交流电路的功率进行计算				
任务描述	给出两个具体的由阻抗组成的交流电路，注意：这两个电路是通过等效变换得来的。通过这两个等效电路，让学生认识复阻抗和复导纳的关系，进而推导出阻抗的串联和并联关系，进而学习其功率的计算方法。最后联系实际生产生活，了解阻抗串、并联的应用				
对学生的要求	1. 学会用相量模型表示基尔霍夫定律 2. 了解复阻抗、复导纳的定义及相互关系 3. 掌握阻抗的串联、并联关系及应用 4. 能应用阻抗进行电路性质的判断 5. 能对交流电路的功率进行计算 6. 学生必须具有团队合作的精神，以小组的形式完成学习任务				

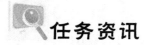

任务资讯

2.3.1 基尔霍夫定律的相量表达式

1. KCL 的相量式

基尔霍夫电流定律的实质是电流的连续性原理。正弦交流电路中，任一瞬间电流总是连续的，因此基尔霍夫电流定律也适用于正弦交流电路，即 $\sum i = 0$。

正弦交流电路中各电流都是与电源同频率的正弦量，把这些同频率的正弦量用相量表示，即得 $\sum \dot{I} = 0$。

上式即为相量形式的基尔霍夫电流定律（KCL）。

电流前的正负号是由参考方向决定的。若支路电流的参考方向流出节点取正号，则流入节点取负号；反之亦然。

2. KVL 的相量式

根据能量守恒定律，基尔霍夫电压定律也同样适用于交流电路的任一瞬间，即 $\sum u = 0$。

交流电路中各段电压都是同频率的正弦量，把这些同频率的正弦量用相量表示，即得 $\sum \dot{U} = 0$。

此式为相量形式的基尔霍夫电压定律（KVL）。

【例题 2-10】如图 2-38 所示电路中，已知电流表 A_1、A_2 读数都是5A，求电路中电流表 A 的读数。

解： 由于电路中各元件是以并联方式连接的，电压相等。

设 $\dot{U} = U \underline{/0°}$

则 $\dot{I}_1 = 5 \underline{/-90°}$A（电感元件电压相位超前电流90°）

$\dot{I}_2 = 5 \underline{/0°}$A（电阻元件电流与电压相同）

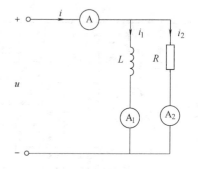

图 2-38　例题 2-10 图

由 KCL 得

$\dot{I} = \dot{I}_1 + \dot{I}_2 = 5 \underline{/-90°}A + 5 \underline{/0°}A = (5 - j5)A = 5\sqrt{2}\underline{/-45°}A$

所以电流表 A 的读数为 $5\sqrt{2}$A。

注意： 与直流不同，总电流并不是10A。

【例题 2-11】如图 2-39 所示电路中，已知电压表 V_1、V_2 的读数都是10V，求电路中电压表 V 的读数。

解： 由于电路中各元件是以串联方式连接的，电流相等。

设 $\dot{I} = I \underline{/0°}$

则 $\dot{U}_1 = 10 \underline{/0°}$V（电阻元件电压与电流相等）

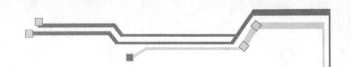

$\dot{U}_2 = 10 \; \underline{/-90°}\,\mathrm{V}$（电容元件电压相位滞后电流90°）

由 KVL 得

$\dot{U} = \dot{U}_1 + \dot{U}_2 = 10 \; \underline{/0°}\,\mathrm{V} + 10 \; \underline{/-90°}\,\mathrm{V} = (10 - \mathrm{j}10)\,\mathrm{V} = 10\sqrt{2}\,\underline{/-45°}\,\mathrm{V}$

所以电压表 V 的读数为 $10\sqrt{2}\,\mathrm{V}$。

注意：与直流不同，总电压并不是20V。

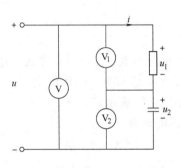

图 2-39　例题 2-11 图

2.3.2　复阻抗与复导纳

1. 复阻抗

在电压、电流关联参考方向下，正弦交流电路中任一线性无源二端网络的端口电压相量 $\dot{U}$ 与电流相量 $\dot{I}$ 之比称为该网络的复阻抗，用符号 Z 表示，有

$$Z = \frac{\dot{U}}{\dot{I}} = \frac{U \; \underline{/\theta_u}}{I \; \underline{/\theta_i}} = |Z| \; \underline{/\varphi}$$

$$|Z| = \frac{U}{I}, \quad \varphi = \theta_u - \theta_i$$

$|Z|$ 称为复阻抗的模，等于电压与电流的有效值之比，体现电路对电流的阻碍作用。φ 称为复阻抗的阻抗角，等于电压与电流的相位差。

复阻抗的单位为 Ω，复阻抗的图形符号与电阻的图形符号相似。

复阻抗用代数形式表示时，可写为

$$Z = R + \mathrm{j}X$$

Z 的实部为 R，称为电阻，Z 的虚部为 X，称为电抗，它们之间符合阻抗三角形，如图 2-40 所示。

可见，有下列关系式：

$$|Z| = \sqrt{R^2 + X^2}$$

$$\varphi = \arctan \frac{X}{R}$$

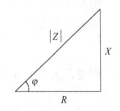

图 2-40　阻抗三角形

需要说明的是，复阻抗是一个复数，但它不再是表示正弦量的复数，因而不是一个

右侧竖排：

模块二　单相正弦交流电路的应用

79

相量。

2. 复导纳

在电压、电流关联参考方向下，正弦交流电路中任一线性无源二端网络的端口电流相量 $\dot{I}$ 与端口电压相量 $\dot{U}$ 之比称为该网络的复导纳，用符号 Y 表示，有

$$Y = \frac{\dot{I}}{\dot{U}} = \frac{I\ \underline{/\theta_i}}{U\ \underline{/\theta_u}} = |Y|\ \underline{/\varphi'}$$

即 $|Y| = \dfrac{I}{U}$，$\varphi' = \theta_i - \theta_u$。

$|Y|$ 称为复导纳的模，等于电流与电压的有效值之比，体现电路的导电能力。

φ' 称为复导纳的导纳角，等于电流与电压的相位差。

复导纳的单位为西门子，用"S"表示。

复导纳用代数形式表示时，可写为

$$Y = G + jB$$

Y 的实部为 G，称为电导，虚部为 B，称为电纳。

有下列关系式：

$$|Y| = \sqrt{G^2 + B^2}$$

$$\varphi' = \arctan\frac{B}{G}$$

3. 复阻抗与复导纳的关系

从以上可以看出，复阻抗与复导纳是倒数关系，即

$$Y = \frac{1}{Z} = \frac{1}{|Z|\ \underline{/\varphi}} = \frac{1}{|Z|}\ \underline{/-\varphi}$$

又因为 $Y = |Y|\ \underline{/\varphi'}$，所以可得 $|Y| = \dfrac{1}{|Z|}$，$\varphi' = -\varphi$。

即复导纳的模等于对应复阻抗模的倒数，导纳角等于对应阻抗角的负值。

2.3.3 阻抗的串联

1. *RLC* 串联电路电压与电流的关系

RLC 串联电路如图 2-41 所示。

电路中各元件流过相同的电流 i，设电流 $i = I_m \sin\omega t$，则对应的相量为

$$\dot{I} = I\underline{/0°}$$

则电阻元件上电压为

$$\dot{U}_R = R\dot{I}$$

电感元件上电压为

$$\dot{U}_L = jX_L\dot{I}$$

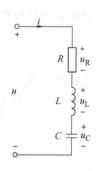

图 2-41 阻抗串联电路

电容元件上电压为

$$\dot{U}_C = -jX_C\dot{I}$$

由 KVL 知，端口总电压为

$$\dot{U} = \dot{U}_R + \dot{U}_L + \dot{U}_C = R\dot{I} + jX_L\dot{I} - jX_C\dot{I} = [R + j(X_L - X_C)]\dot{I}$$

因为

$$\dot{U} = Z\dot{I}$$

所以

$$Z = R + j(X_L - X_C) = R + jX$$

式中，Z 称为电路的复阻抗，单位为 Ω，其中 $X = X_L - X_C$ 称为串联电路的电抗，单位为 Ω。

注意：$U \neq U_R + U_L + U_C$

2. 电路的性质

（1）电感性电路（$X_L > X_C$）

$X = X_L - X_C$，当 $X_L > X_C$ 时，$X > 0$，阻抗角 $\varphi = \arctan\dfrac{X}{R} > 0$。

以电流 $\dot{I}$ 为参考方向，$\dot{U}_R$ 和电流 $\dot{I}$ 同相，$\dot{U}_L$ 超前 $\dot{I}$ 90°，$\dot{U}_C$ 滞后 $\dot{I}$ 90°，将各相量相加，可得总电压 $\dot{U}$。相量图如图 2-42a 所示，从相量图可看出，电压超前于电流 φ 角。

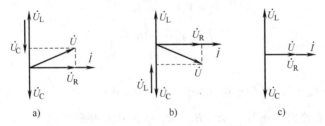

图 2-42　阻抗串联电路的相量图

a) $X > 0$　b) $X < 0$　c) $X = 0$

（2）电容性电路（$X_L < X_C$）

$X = X_L - X_C$，当 $X_L < X_C$ 时，$X < 0$ 时，阻抗角 $\varphi < 0$，相量图如图 2-42b 所示，从相量图可看出，电压滞后于电流 φ 角。

（3）电阻性电路（$X_L = X_C$）

$X = X_L - X_C$，当 $X_L = X_C$ 时，$X = 0$ 时，阻抗角 $\varphi = 0$，相量图如图 2-42c 所示，从相量图可看出，电压与电流同相。此时，感抗与容抗相互抵消，电路相当于纯电阻电路。

3. 多个复阻抗串联电路

如图 2-43 所示，多个复阻抗（每个复阻抗由单个 R、L、C 元件或它们的组合而成）串联的电路，电流和电压的参考方向为关联参考方向。由 KVL 可得

$$\dot{U} = \dot{U}_1 + \dot{U}_2 + \cdots + \dot{U}_n = \dot{I}(Z_1 + Z_2 + \cdots + Z_n) = \dot{I}Z$$

Z 为串联电路的等效阻抗，由上式可得

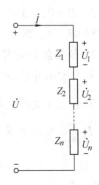

图 2-43　多阻抗串联

$$Z = Z_1 + Z_2 + \cdots + Z_n$$

即串联电路的等效复阻抗等于串联的各复阻抗之和。

2.3.4 阻抗的并联

1. *RLC* 并联电路中电压与电流的关系

RLC 并联电路如图 2-44 所示，端口电压、电流分别为 u、i。选定 $\dot{U}$、$\dot{I}$、$\dot{I}_R$、$\dot{I}_L$、$\dot{I}_C$ 的参考方向如图，则各支路的导纳为

$$Y_1 = \frac{1}{R} = G$$

$$Y_2 = \frac{1}{jX_L} = -j\frac{1}{X_L} = -jB_L$$

$$Y_3 = \frac{1}{-jX_C} = j\frac{1}{X_C} = jB_C$$

则各支路电流为

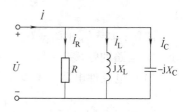

图 2-44　多阻抗并联

$$\dot{I}_R = Y_1\dot{U} = G\dot{U}$$

$$\dot{I}_L = Y_2\dot{U} = -jB_L\dot{U}$$

$$\dot{I}_C = Y_3\dot{U} = jB_C\dot{U}$$

由 KCL 得

$$\dot{I} = \dot{I}_R + \dot{I}_L + \dot{I}_C = (G - jB_L + jB_C)\dot{U} = [G + j(B_C - B_L)]\dot{U} = (G + jB)\dot{U}$$

式中，G 称为电阻支路的"电导"；$B = B_C - B_L$ 称为 *RLC* 并联电路的"电纳"，利用电纳也可以判断电路的性质。

注意：$I \neq I_R + I_L + I_C$

2. 电路的性质

导纳角 $\varphi' = \arctan\dfrac{B}{G}$

1）$B > 0$，即 $B_C > B_L$ 时，$\varphi' > 0$，总电流超前于端电压，电路呈容性。
2）$B < 0$，即 $B_C < B_L$ 时，$\varphi' < 0$，总电流滞后于端电压，电路呈感性。
3）$B = 0$，即 $B_C = B_L$ 时，$\varphi' = 0$，总电流与端电压同相，电路呈电阻性。

3. 多个复导纳并联

多个导纳并联的电路如图2-45所示，电压、电流为关联参考方向，每一条支路均用复导纳表示。各支路并联时其端电压相同，常选为参考量。则第一条支路 $\dot{I}_1 = \dot{U}Y_1$，第二条支路 $\dot{I}_2 = \dot{U}Y_2$…第 n 条支路 $\dot{I}_n = \dot{U}Y_n$。由 KCL 得

$$\dot{I} = \dot{I}_1 + \dot{I}_2 + \cdots + \dot{I}_n = (Y_1 + Y_2 + \cdots + Y_n)\dot{U} = \dot{U}Y$$

上式中，$Y = Y_1 + Y_2 + \cdots + Y_n$，即并联电路中总导纳等于各支路的导纳之和。

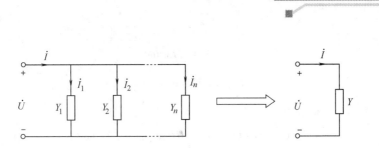

图 2-45　多个导纳并联

2.3.5　阻抗串联、阻抗并联的应用

在电子仪器、通信设备和计算机设备等电路中，阻抗串联、阻抗并联应用极其广泛。

下面是收音机原理图，在图中体现了阻抗串联、阻抗并联的应用。

图 2-46 所示是比较简单的收音机电路原理图，ANT 是天线，呈容性；L_1 是电感线圈，呈感性；ANT 与 L_1 串联，产生串联谐振，谐振频率是选择某频道的音频信号频率。

图 2-47 也是简单的收音机电路原理图。其中 C_1、C_2 和 L_1 并联，产生并联谐振，谐振频率是选择某频道的音频信号频率。

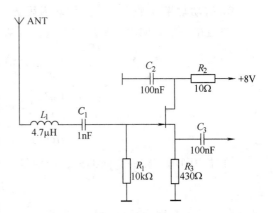

图 2-46　收音机电路原理图一

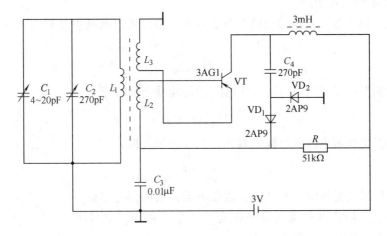

图 2-47　收音机电路原理图二

2.3.6　正弦稳态电路的功率

1. 瞬时功率

在 R、L、C 串联电路中，设电压与电流取关联参考方向，分别为

$$i(t) = \sqrt{2}I\sin\omega t$$

$$u(t) = \sqrt{2}U\sin(\omega t + \varphi)$$

则瞬时功率为

$$p(t) = u(t)i(t) = 2UI\sin(\omega t + \varphi)\sin\omega t$$

$$= UI[\cos\varphi - \cos(2\omega t + \varphi)]$$

$$= UI\cos\varphi - UI\cos(2\omega t + \varphi)$$

可见，瞬时功率由常量 $UI\cos\varphi$ 和二倍频变量 $UI\cos(2\omega t + \varphi)$ 组成，可正可负。

2. 有功功率（平均功率）和功率因数

利用在一个周期内求平均的方法，有功功率为

$$p = \frac{1}{T}\int_0^T p(i)\,\mathrm{d}t$$

$$= \frac{1}{T}\int_0^T [UI\cos\varphi - UI\cos(2\omega t + \varphi)]\,\mathrm{d}t$$

$$= UI\cos\varphi$$

推导中利用了在一个周期内，周期量的平均值为零。即有功功率为

$$p = UI\cos\varphi$$

式中，$\cos\varphi = \lambda$ 称为功率因数，表征有功功率占总功率的比率，功率因数角 $\varphi = \varphi_u - \varphi_i$。而有功功率表征电路消耗电能做功的速率，单位是瓦特（W）。

3. 无功功率和视在功率

由于交流电路中含有电容和电感进行能量的交换，所以电路中具有无功功率。无功功率定义为

$$Q = UI\sin\varphi$$

无功功率的单位是乏（var），表征电路进行能量交换的速率，即

$$Q = Q_L - Q_C$$

视在功率是电路的电压和电流的乘积，用 S 表示，即

$$S = UI$$

视在功率的单位是伏安（V·A），表征电器设备的额定容量。

有功功率、无功功率和视在功率构成了功率三角形。它与阻抗三角形是相似三角形，如图 2-48 所示。

4. 提高功率因数

提高功率因数一方面可以使电器设备的容量利用率提高，另一方面可以使输电线路的损耗减小，在实际应用中有很重要的意

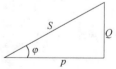

图 2-48 功率三角形

义。由于一般电路多为感性电路，所以常用的提高功率因数的方法是在感性电路的两端并联相应的电容。

2.3.7 交流电路的计算

交流电路的计算有相量解析法和相量图法。这里只介绍相量解析法中较简单的情况。

选参考量，初相为 0。串联电路电流不变，所以一般选择电流作为参考量；并联电路电压不变，所以一般选择电压作为参考量。较复杂的混联电路，视具体情况选择。

计算中尽量多用阻抗，少用导纳。

计算中要注意感抗的符号取正，而容抗的符号取负。

在前面学过的所有的解题方法都可以用在交流电路的计算上。如：支路电流法、电源等效变换法、叠加原理、戴维南定理等。

【例题 2-12】如图 2-49 所示电路，已知 $\dot{U}_S = 20\,\underline{/0°}\,\mathrm{V}$，$R = 50\Omega$，$X_L = 80\Omega$，求 $\dot{I}$。

解：$Z = R + \mathrm{j}X_L = (50 + \mathrm{j}80)\,\Omega = 94.3\,\underline{/58.0°}\,\Omega$

$$\dot{I} = \frac{\dot{U}}{Z} = \frac{20\,\underline{/0°}}{94.3\,\underline{/58.0°}}\,\mathrm{A}$$

$$= 0.21\,\underline{/-58.0°}\,\mathrm{A}$$

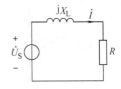

图 2-49　例题 2-12 图

【例题 2-13】如图 2-50 所示电路，已知 $\dot{I}_S = 2\,\underline{/0°}\,\mathrm{A}$，$R = 40\Omega$，$X_C = 30\Omega$，求 $\dot{I}$。

解：用分流法得

$$\dot{I} = \frac{R}{R - \mathrm{j}X_C}\dot{I}_S = \frac{40}{40 - \mathrm{j}30} \times 2\,\underline{/0°}\,\mathrm{A}$$

$$= \frac{40°}{50\,\underline{/-36.9°}} \times 2\,\underline{/0°}\,\mathrm{A}$$

$$= 1.6\,\underline{/36.9°}\,\mathrm{A}$$

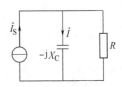

图 2-50　例题 2-13 图

【例题 2-14】如图 2-51 所示电路，已知 $\dot{U}_S = 10\,\underline{/0°}\,\mathrm{V}$，$R = 40\Omega$，$X_L = 65\Omega$，$X_C = 35\Omega$，求 $\dot{I}$。

解：$Z = R + \mathrm{j}(X_L - X_C) = [40 + \mathrm{j}(65 - 35)]\,\Omega = 50\,\underline{/36.9°}\,\Omega$

$$\dot{I} = \frac{\dot{U}}{Z} = \frac{10\,\underline{/0°}}{50\,\underline{/36.9°}}\,\mathrm{A} = 0.2\,\underline{/-36.9°}\,\mathrm{A}$$

【例题 2-15】如图 2-52 所示电路，已知 $\dot{U}_{S1} = 10\,\underline{/0°}\,\mathrm{V}$，$\dot{U}_{S2} = 20\,\underline{/30°}\,\mathrm{V}$，$R = 40\Omega$，$X_L = 60\Omega$，$X_C = 30\Omega$，求 $\dot{I}$。

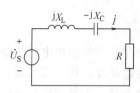

图 2-51　例题 2-14 图

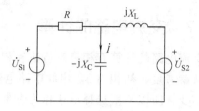

图 2-52　例题 2-15 图

解：（1）用叠加定理，等效电路如图 2-53 所示。

先求 $\dot{I}'$：

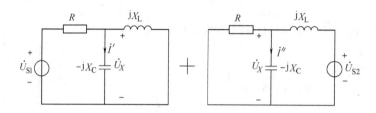

图 2-53　等效电路

$$Z'_X = -jX_C /\!/ jX_L = \frac{30 \underline{/-90°} \times 60 \underline{/90°}}{-j30 + j60}\Omega$$

$$= \frac{1800 \underline{/0°}}{30 \underline{/90°}}\Omega = 60 \underline{/-90°}\Omega = -j60\Omega$$

分压得

$$\dot{U}'_X = \frac{Z'_X}{R + Z'_X}\dot{U}_{S1} = \frac{60 \underline{/-90°}}{40 - j60} \times 10V = \frac{60 \underline{/-90°}}{72.1 \underline{/-56.3°}} \times 10V = 8.32 \underline{/-33.7°}V$$

$$\dot{I}' = \frac{\dot{U}'_X}{-jX_C} = \frac{8.32 \underline{/-33.7°}}{30 \underline{/-90°}}A = 0.277 \underline{/56.3°}A = (0.15 + j0.23)A$$

再求 $\dot{I}''$：

$$Z''_X = -jX_C /\!/ R = \frac{30 \underline{/-90°} \times 40}{-j30 + 40}\Omega$$

$$= \frac{1200 \underline{/-90°}}{50 \underline{/-36.9°}}\Omega = 24 \underline{/-53.1°}\Omega = (14.4 - j19.2)\Omega$$

分压得

电路基础

$$\dot{U}_X'' = \frac{Z_X''}{jX_L + Z_X''}\dot{U}_{S2}$$

$$= \frac{24\ \underline{/-53.1°}}{j60 + 14.4 - j19.2} \times 20\ \underline{/30°}\,\text{V} = \frac{24\ \underline{/-53.1°}}{43.3\ \underline{/70.5°}} \times 20\ \underline{/30°}\,\text{V} = 11.1\ \underline{/-93.6°}\,\text{V}$$

$$\dot{I}'' = \frac{\dot{U}_X'}{-jX_C} = \frac{11.1\ \underline{/-93.6°}}{30\ \underline{/-90°}}\,\text{A} = 0.37\ \underline{/-3.6°}\,\text{A} = (0.37 - j0.02)\,\text{A}$$

最后求 $\dot{I}$：

$$\dot{I} = \dot{I}' + \dot{I}'' = (0.15 + j0.23)\,\text{A} + (0.37 - j0.02)\,\text{A} = (0.52 + j0.21)\,\text{A} = 0.56\ \underline{/22.0°}\,\text{A}$$

（2）用支路电流法，等效电路如图 2-54 所示。
对 A 点列 KCL 方程得

$$\dot{I}_1 + \dot{I}_2 - \dot{I} = 0$$

对左、右网孔列 KVL 方程，左网孔取顺时针绕向
得

$$40\dot{I}_1 - j30\dot{I} = 10\ \underline{/0°} = 10$$

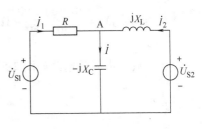

图 2-54　等效电路

右网孔取逆时针绕向得

$$j60\dot{I}_2 - j30\dot{I} = 20\ \underline{/30°} = 17.3 + j10$$

三式联立求解得

$$\dot{I}_1 = 0.25 + j0.75\dot{I}$$

$$\dot{I}_2 = 0.17 - j0.29 + 0.5\dot{I}$$

$$\dot{I} = \frac{0.42 - j0.29}{0.5 - j0.75}\,\text{A} = \frac{0.51\ \underline{/-34.6°}}{0.90\ \underline{/-56.3°}}\,\text{A} = 0.57\ \underline{/21.7°}\,\text{A}$$

（3）用戴维南定理，等效电路如图 2-55 和图 2-56 所示。

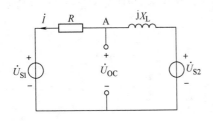

图 2-55　等效电路

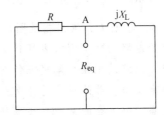

图 2-56　等效电路

先求 $\dot{U}_{OC}$：

$$\dot{I} = \frac{\dot{U}_{S2} - \dot{U}_{S1}}{R + jX_L}$$

$$= \frac{20\,\underline{/30°} - 10\,\underline{/0°}}{40 + j60}A = \frac{12.4\,\underline{/53.9°}}{72.1\,\underline{/56.3°}}A = 0.172\,\underline{/-2.4°}A$$

$$\dot{U}_{OC} = \dot{I}R + \dot{U}_{S1}$$

$$= 0.172\,\underline{/-2.4°}A \times 40\Omega + 10\,\underline{/0°}V = (16.87 - j0.288)V = 16.87\,\underline{/0.98°}V$$

再求 R_{eq}：

$$R_{eq} = R\,/\!/\,jX_L = \frac{40 \times 60\,\underline{/90°}}{40 + j60}\Omega = \frac{2400\,\underline{/90°}}{72.1\,\underline{/56.3°}}\Omega = 33.3\,\underline{/33.7°}\Omega = (27.7 + j18.5)\Omega$$

作出戴维南等效电路如图 2-57 所示，最后求 $\dot{I}$：

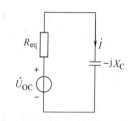

$$\dot{I} = \frac{\dot{U}_{OC}}{R_{eq} - jX_C}$$

$$= \frac{16.87\,\underline{/0.98°}}{27.7 + j18.5 - j30}A = \frac{16.87\,\underline{/0.98°}}{30.0\,\underline{/-22.54°}}A = 0.56\,\underline{/21.5°}A$$

图 2-57　等效电路

可见三种方法所求结果是一致的。由于交流量计算比较繁杂，很容易出错，所以计算时一定要细心。当然，由于频繁地进行三角函数的计算，所以，计算器是必不可少的。

练习与思考

1. 正弦稳态交流电路中，R、L、C 元件上，各自的电压、电流之间有什么关系？

2. 写出 KCL、KVL 的相量形式。

3. 在 $1\mu F$ 的电容器两端加上 $u = 70.7\sqrt{2}\sin(314t - \pi/6)V$ 的正弦电压，求通过电容器中的电流有效值及电流的瞬时值解析式。若所加电压的有效值与初相不变，而频率增加为 $100Hz$ 时，通过电容器中的电流有效值又是多少？

4. 已知 RC 串联电路中 $R = 50\Omega$，$C = 100\mu F$，接在频率为 $50Hz$，$U = 220V$ 的电源上，求复阻抗 Z，电流 $\dot{I}$，画出相量图。

5. 交流电路的功率因数表征什么？

6. 交流电路的视在功率表征什么？

7. 提高功率因数的目的是什么？

8. 提高功率因数的常用方法是什么？

任务四 谐振电路的鉴别与应用

 学习目标

知识目标

1. 理解谐振现象；
2. 掌握串联谐振和并联谐振电路；
3. 掌握调谐电路的调谐方法；
4. 学习测量 *RLC* 串联电路的幅频特性曲线的方法。

能力目标

1. 熟悉谐振时的特性，并能应用于实际；
2. 能对 *RLC* 串联电路的幅频特性曲线进行测量；
3. 认识日常电器中的谐振电路。

学习任务书

学习领域		电 路	学习小组、人数	第 组、 人
学习情境		谐振电路的鉴别与应用	专业、班级	
任务内容	T4-1	串联谐振电路		
	T4-2	并联谐振电路		
	T4-3	谐振电路的频率特性		
	T4-4	谐振电路的测量		
	T4-5	谐振电路的应用		
学习目标	1. 认识谐振现象及其特点 2. 理解串联及并联谐振的关系及区别 3. 掌握调谐电路的调谐方法 4. 会对谐振电路进行测量 5. 掌握谐振电路在实际生产、生活中的应用			
任务描述	举出实际生产、生活中几个典型谐振电路的现象（如收音机等），根据现象让学生先从感性上认识谐振的特点，然后给出具体的谐振电路，让学生通过测量和调试，理解谐振的条件和特性。这样，从感性到理性地使学生对谐振电路具有较深刻的理解使知识回归应用			
对学生的要求	1. 理解谐振现象 2. 掌握发生谐振的条件及特点 3. 会判断和测量谐振电路 4. 掌握谐振电路在实际生产、生活中的应用 5. 学生必须具有团队合作的精神，以小组的形式完成学习任务			

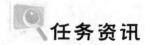

任务资讯

2.4.1 串联谐振电路

1. 谐振现象

若 RLC 电路中感抗和容抗相等，电路相当于"纯电阻"电路，其总电压 $\dot{U}$ 和总电流 $\dot{I}$ 同相，电路的这种现象称为"谐振"。

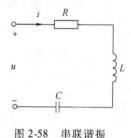

图 2-58　串联谐振

2. 串联谐振的条件

如图 2-58 所示 RLC 串联电路，$Z = R + \mathrm{j}(X_\mathrm{L} - X_\mathrm{C})$。当 $X_\mathrm{L} = X_\mathrm{C}$ 时，$Z = R$，串联电路出现谐振，称为串联谐振。发生串联谐振的条件为

$$X_\mathrm{L} = X_\mathrm{C}$$

即

$$\omega_0 L = \frac{1}{\omega_0 C}$$

谐振角频率为

$$\omega_0 = \frac{1}{\sqrt{LC}}$$

或谐振频率为

$$f_0 = \frac{1}{2\pi\sqrt{LC}}$$

可见，谐振发生与三个参数 L、C、ω 有关，与 R 无关。如果不希望电路发生谐振，应设法使上式不满足；如果希望发生谐振，则可通过改变 L、C、ω，使上式满足。这种通过改变 L、C、ω 的方法使电路发生谐振的方法称为调谐。

3. 串联谐振的基本特征

1）串联谐振时，电路阻抗最小且为纯电阻。因为 $X = 0$，所以 $Z = R + \mathrm{j}X = R$。

2）串联谐振时，电路中的电流最大，且电流与总电压同相。因为 $|Z| = R$ 最小，所以电流 I 最大为 $I = \dfrac{U_\mathrm{s}}{R}$。

3）串联谐振时，电感电压与电容电压大小相等、相位相反。且两者的电压大小为电源电压的 Q 倍。

$$U_\mathrm{L0} = I\omega_0 L = \frac{\omega_0 L}{R}U_\mathrm{s} = QU_\mathrm{s}$$

$$U_\mathrm{C0} = I\frac{1}{\omega_0 C} = \frac{U_\mathrm{s}}{\omega_0 CR} = QU_\mathrm{s}$$

$$Q = \frac{\omega_0 L}{R} = \frac{1}{\omega_0 CR} = \frac{1}{R}\sqrt{\frac{L}{C}}$$

Q 称为电路的品质因数，它是一个无量纲的量。一般情况下，$Q \gg 1$。

由于串联谐振时电感与电容上的电压相等且为电源电压的 Q 倍，所以串联谐振又称为电压谐振。

在无线电接收机中，当外来信号很微弱时，可以利用串联谐振来获得较高的信号电

电
路
基
础

压。而在电力系统中，电源电压本身就高，如果发生串联谐振，就会产生过高电压，损坏电气设备，甚至发生危险，因此应避免电路发生串联谐振。

4）串联谐振时，电路的无功功率为零，电源供给电路的能量，全部消耗在电阻上。

由于串联谐振时，$X_L = X_C$，所以感性无功功率等于容性无功功率。

即电感与电容之间有能量交换，且达到完全补偿，不与电源进行能量交换，电路的无功功率为零。

2.4.2 并联谐振电路

实际的并联谐振回路常常由电感线圈与电容器并联而成。由于电容器的损耗很小，可忽略不计，电感线圈用 R 和 L 的串联组合来表示。其电路如图 2-59 所示，当端电压 $\dot{U}$ 和总电流 $\dot{I}$ 同相时，电路发生并联谐振。

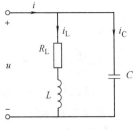

图 2-59 并联谐振

1. 并联谐振条件

对并联谐振电路，采用复导纳分析比较方便。

电感支路的复导纳为
$$Y_1 = \frac{1}{R + j\omega L} = \frac{R - j\omega L}{R^2 + (\omega L)^2}$$

电容支路的复导纳为
$$Y_2 = \frac{1}{-jX_C} = j\omega C$$

则总导纳为
$$Y = Y_1 + Y_2 = \frac{R}{R^2 + (\omega L)^2} + j\left[\omega C - \frac{\omega L}{R^2 + (\omega L)^2}\right]$$

当总导纳的虚部为零时，总电压与总电流同相，电路呈纯阻性，这时电路发生并联谐振，所以有

$$\omega C = \frac{\omega L}{R^2 + (\omega L)^2}$$

由上式可得
$$\omega_0 = \frac{1}{\sqrt{LC}}\sqrt{1 - \frac{CR^2}{L}}$$

$$f_0 = \frac{1}{2\pi\sqrt{LC}}\sqrt{1 - \frac{CR^2}{L}}$$

由上式可以看出，电路的谐振频率完全由电路的参数来决定，而且只有当 $1 - \dfrac{CR^2}{L} > 0$，即 $R < \sqrt{\dfrac{L}{C}}$ 时，ω_0 才为实数，电路才可能发生谐振。

实际应用的并联谐振电路，线圈本身的电阻很小，在高频电路中，一般都能满足 $R \ll \omega_0 L$，于是 $\omega_0 \approx \dfrac{1}{\sqrt{LC}}$，$f_0 = \dfrac{1}{2\pi\sqrt{LC}}$，与串联谐振的频率近似相等。

2. 并联谐振的特征

1）一般情况下，$(\omega_0 L)^2 \gg R^2$，所以并联谐振时，导纳最小，阻抗最大，电路为纯阻性。

并联谐振时的导纳为 $Y_0 = \dfrac{R}{R^2 + (\omega_0 L)^2}$

并联谐振时的阻抗为 $Z_0 = \dfrac{1}{Y_0} = \dfrac{R^2 + (\omega_0 L)^2}{R} \approx \dfrac{(\omega_0 L)^2}{R} = \dfrac{L}{RC}$

2）并联谐振时，总电流最小，总电流与端电压同相。

3）并联谐振时，电感支路与电容支路的电流大小近似相等，并为总电流的 Q 倍。

4）并联谐振时，电感支路的电流为 $\dot{I}_{L0} = \dfrac{\dot{U}}{R + \mathrm{j}\omega_0 L} \approx \dfrac{\dot{U}}{\mathrm{j}\omega_0 L} = \dfrac{\dot{I} Z_0}{\mathrm{j}\omega_0 L} = -\mathrm{j}Q\dot{I}$

5）并联谐振时，电容支路的电流为 $\dot{I}_{C0} = \dfrac{\dot{U}}{-\mathrm{j}\dfrac{1}{\omega_0 C}} = \mathrm{j}\omega_0 C\dot{U} = \mathrm{j}\omega_0 C\dot{I} Z_0 = \mathrm{j}Q\dot{I}$

即有 $\qquad\qquad\qquad\qquad I_{L0} \approx I_{C0} = QI$

$Q = \dfrac{Z_0}{\omega_0 L} = \omega_0 C Z_0 = Z_0\sqrt{\dfrac{C}{L}} = \dfrac{1}{R}\sqrt{\dfrac{L}{C}}$，与串联谐振一致。

并联谐振的两条支路的电流近似相等，均为总电流的 Q 倍且相位相反，因此，并联谐振又称为电流谐振。

【例题 2-16】 在 RLC 串联电路中，已知 $L = 100\mathrm{mH}$，$R = 3.4\Omega$，电路在输入信号频率为 $400\mathrm{Hz}$ 时发生谐振，求电容 C 的电容量和回路的品质因数。

解： 电容 C 的电容量为

$$C = \dfrac{1}{(2\pi f_0)^2 L} = \dfrac{1}{631014.4}\mathrm{F} \approx 1.58\mu\mathrm{F}$$

回路的品质因数为 $\qquad Q = \dfrac{2\pi f_0 L}{R} = \dfrac{6.28 \times 400 \times 0.1}{3.4} \approx 74$

2.4.3 谐振电路的频率特性

1. 串联谐振电路的频率特性

如图 2-60 所示电路为 RLC 串联电路。若电路输入端的正弦电压源的角频率为 ω，其电压相量为 $\dot{U}_\mathrm{s}$，电阻 R 上的电压 $\dot{U}_\mathrm{o}$ 为输出电压，则此电路的转移函数为

其振幅比为 $\dfrac{U_\mathrm{o}}{U_\mathrm{s}} = \dfrac{R}{\sqrt{R^2 + \left(\omega L - \dfrac{1}{\omega C}\right)^2}}$

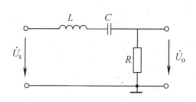

图 2-60 RLC 串联电路

由上式可知，电路输出电压与输入电压的幅度比是角频率的函数，其频率特性曲线如图 2-61 所示。当电源频率 f（或 ω）改变时，电路中的容抗、感抗随之改变，电路中的电流也随 f 而变。当频率很高或很低时，振幅比将趋于零；而在某一频率 ω_0 时，有 $\omega L - \dfrac{1}{\omega C} = 0$，即 $\omega L = \dfrac{1}{\omega C}$，振幅比等于 1，为最大值。我们把具有这

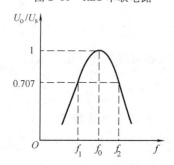

图 2-61 RLC 串联电路的频率特性

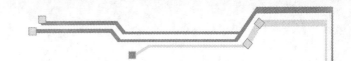

种性质的函数称为带通函数，该网络称为二阶带通网络。

当 $\omega L = \dfrac{1}{\omega C}$、振幅比为 1 时，电路处于串联谐振状态，谐振频率为频率特性曲线出现尖峰时的频率 $\omega_0(f_0)$，由此得出串联谐振频率为

$$\omega_0 = \frac{1}{\sqrt{LC}} \quad \text{或} \quad f_0 = \frac{1}{2\pi\sqrt{LC}}$$

显然，串联谐振频率仅与电路元件 L、C 的数值有关，而与电阻 R 和电源的角频率 ω 无关。$\omega < \omega_0$ 时，电路呈容性，阻抗角 $\varphi < 0$；当 $\omega > \omega_0$ 时，电路呈感性，阻抗角 $\varphi > 0$。

2. 串联谐振状态时电路特性

1）由于电路总电抗 $X_L - X_C = \omega_0 L - \dfrac{1}{\omega_0 C} = 0$，因此电路阻抗 $|Z_0| = R$ 为最小值，整个电路相当于一个纯电阻电路，电压源的输入电压与流过电路的响应电流同相位。

2）由于 $X_L = X_C$，所以电路中电感上的电压 U_L 与电容上的电压 U_C 数值相等，相位相差 $180°$，电感及电容上的电压幅值分别为

$$U_{Lm} = I_0 \omega_0 L = \frac{\omega_0 L}{R} U_S = Q U_S$$

$$U_{Cm} = I_0 \frac{1}{\omega_0 C} = \frac{1}{\omega_0 CR} U_S = \frac{\omega_0 L}{R} U_S = Q U_S$$

由于谐振时，电感及电容上的电压幅值为输入电压的 Q 倍。若 $\omega_0 L = 1/(\omega_0 C)$ 远远大于电阻 R，则品质因数 Q 远远大于 1，在这种情况下，电感及电容上的电压就会远远超过输入电压，这种现象在无线电通信中获得了广泛的应用，而在电力系统中，则应设法避免。

3）由幅频特性可以看出，当电源频率偏离串联谐振频率时，电路处于失谐状态，U_o/U_s 振幅比小于 1，因此，上述幅频特性曲线又称谐振曲线。如果以频率比 f/f_0 为横坐标、以电压比 U_o/U_{o0}（U_{o0} 为谐振时 R 的端电压）为纵坐标研究这种函数关系，其表达式可进一步写为

$$\frac{U_o}{U_{o0}} = \frac{1}{\sqrt{\left(1 + Q^2 \left(\dfrac{f}{f_0} - \dfrac{f_0}{f}\right)^2\right)}} = \frac{1}{\sqrt{(1 + Q^2 \varepsilon^2)}}$$

式中，$\varepsilon = \dfrac{f}{f_0} - \dfrac{f_0}{f}$ 称为相对失谐。改变电源的频率就可得出串联谐振电路的归一化谐振曲线，如图 2-62 所示。如果改变电路的品质因数 Q，又可得出一组以 Q 值为参变量的串联谐振曲线。图 2-62 中画出了两种 Q 值的串联谐振曲线。

当 $\dfrac{U_2}{U_{20}}$ 由 1 下降到 $\dfrac{1}{\sqrt{2}} = 0.707$ 时的两个频率 $f_1(\omega_1)$、$f_2(\omega_2)$ 分别叫做下限频率和上限频率，即

当 $\dfrac{U_2}{U_{20}} = \dfrac{1}{\sqrt{2}}$ 时，$\dfrac{R^2}{R^2 + \left(\omega L - \dfrac{1}{\omega C}\right)^2} = \dfrac{1}{2}$

$$R^2 = \left(\omega L - \frac{1}{\omega C}\right)^2 \quad 即 \quad \omega L - \frac{1}{\omega C} = \pm R$$

得

$$\omega_1 = \frac{-R}{2L} + \sqrt{\left(\frac{R}{2L}\right)^2 + \frac{1}{LC}}, \quad \omega_2 = \frac{R}{2L} + \sqrt{\left(\frac{R}{2L}\right)^2 + \frac{1}{LC}}$$

其相位差 $\varphi = \pm 45°$。

这两个频率的差值定义为二阶带通网络的通频带（BW）。

则 $BW = \omega_2 - \omega_1$，单位为 rad/s，

或 $BW = f_2 - f_1$，单位为 Hz。

理论推导证明通频带 $BW = \omega_2 - \omega_1 = R/L$ 由电路的参数决定。

可见，品质因数 Q 越高，谐振曲线越尖，通频带也越窄，电路的选择性越好。

串联谐振电路的品质因数可由通频带与谐振频率或由电路参数求出，即

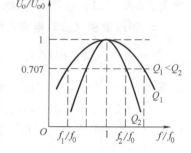

图 2-62　归一化谐振曲线

$$Q = \frac{\omega_0}{BW} = \frac{\omega_0 L}{R} = \frac{1}{\omega_0 CR} \quad 或 \quad Q = \frac{\omega_0}{\omega_2 - \omega_1} = \frac{\omega_0 L}{R} = \frac{1}{\omega_0 CR}$$

2.4.4　学习测量

1. 学习测量 R、L、C 串联电路的幅频特性

1）实验电路如图 2-52 所示，图中电感 $L = 4.7\text{mH}$，电感电阻 $r = 17\Omega$，电容 $C = 0.01\mu\text{F}$，电阻 $R = 200\Omega$。将信号发生器的波形选择键置于正弦波的位置上，频率范围开关置于 $20 \sim 200\text{kHz}$，然后将输出电缆接在电路的输入端，并将交流毫伏表的测试线也接在电路的输入端，用于监测信号发生器输入电压的大小。接通电源，调节信号发生器，使其频率约为 20kHz，输入的正弦信号电压 $U_\text{S} = 2\text{V}$（有效值），接入示波器的 Y_1 和 Y_2 两个探极，观察 U_S 及 U_2 的波形。逐渐改变信号发生器的频率，在保持 $U_\text{S} = 2\text{V}$ 不变的情况下，找出电路的谐振频率 f_0，测量谐振时的 U_2、U_L、U_C 的电压值，并在同一坐标上描出谐振时 U_S 和 U_2 的波形，自拟表格记录。

2）根据在 f_L 和 f_H 时的 $U_2 = \dfrac{U_{20}}{\sqrt{2}} = 0.707U_{20}$ 的关系。保持信号发生器的输入电压 $U_\text{S} = 2\text{V}$ 不变，改变信号发生器的频率，利用示波器观察 U_2 电压的变化情况，使 U_2 满足 $U_2 = \dfrac{U_{20}}{\sqrt{2}} = 0.707U_{20}$ 的关系，由此找出下限频率 f_L 和上限频率 f_H。画出 f_L 和 f_H 时的 U_S 与 U_2 的波形，计算相位差。

3）保持信号发生器的输入电压 $U_\text{S} = 2\text{V}$ 不变，在谐振频率 f_0 及上限频率 f_H 和下限频

率 f_L 两侧依次改变信号发生器的频率，取 8 个测量点，逐点测出 U_2 的值，记录于自拟数据表格中。

4）在上述条件下，R 更换为 470Ω，重复上述实验，数据记录于自拟表格中。

※2. 学习测量 *RLC* 串联谐振电路的 $U_L(\omega)$ 和 $U_c(\omega)$ 曲线

1）将 L 与 R 元件的位置互换。按 1）、2）、3）、4）要求，测量 f_L、f_H 及各测量点（8个）的 U_L 的值，自拟表格记录。

2）将 C 与 R 元件的位置互换，按（1）、（2）、（3）、（4）要求，测量 f_L、f_H 各测量点（8个）的 U_c 的值，自拟表格记录。

2.4.5 谐振电路的应用

如图 2-63 所示是 SK-219 再生式短波收音机的电路图，该收音机可以接收 4.5 ~ 13MHz 频率范围的短波广播电台，分为 SW$_1$ 和 SW$_2$ 两个波段。接收天线 L_1 和可变电容器 C_1 构成并联调谐回路，其功能是接收并选择短波广播电台信号。

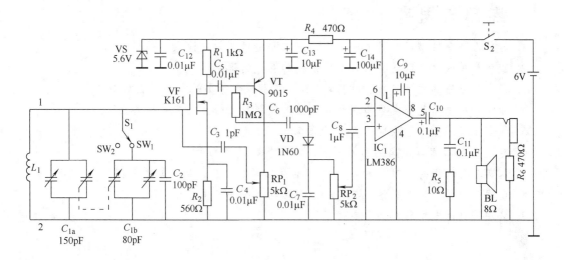

图 2-63　SK-219 再生式短波收音机的电路图

广播电台发送的高频信号被天线 L_1 接收后，由 L_1、C_1 并联谐振电路选出所需的电台信号，调节可变电容器 C_1 使并联谐振电路与需要接收的某一频率的电台信号产生谐振，即可达到选台目的。S_1 是波段开关，当 S_1 指向 SW$_1$ 时，C_{1a}、C_{1b} 均接入电路，接收范围为 4.5 ~ 6.5MHz；当 S_1 指向 SW$_2$ 时，仅 C_{1a} 接入电路，接收范围为 6.5 ~ 13MHz。

如图 2-64 所示是再生式单管短波收音机的电路图，该收音机可以接收 4.5 ~ 13MHz 频率范围的短波广播电台，分为 SW$_1$ 和 SW$_2$ 两个波段。接收天线 L_1 和可变电容器 C_1 构成并联调谐回路，其功能是接收并选择短波广播电台信号。

广播电台发送的高频信号被天线 L_1 接收后，由 L_1、C_1、C_2 并联谐振电路选出所需的电台信号，调节可变电容器 C_1、C_2 使并联谐振电路与需要接收的某一频率的电台信号产生谐振，即可达到选台目的。

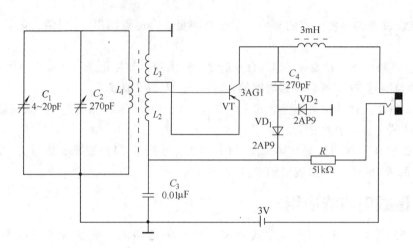

图 2-64 再生式单管短波收音机的电路图

练习与思考

1. 为什么把串联谐振叫做电压谐振，把并联谐振叫做电流谐振呢？

2. 试分析串联和并联谐振时能量的消耗和互换情况。

3. 根据所给出的元件参数、估算 f_0、f_L、f_H 及通频带 BW 和品质因数 Q。

4. 如何判别电路是否发生串联和并联谐振？测量谐振点的方案有哪些？

5. 如何正确地找出下限频率 f_L 和上限频率 f_H？

6. 要提高 RLC 串联电路的品质因数，电路参数如何改变？

7. 本实验在谐振时，对应的 U_L 和 U_C 是否相等？如有差异，原因何在？

8. 查找资料并简述串联谐振与并联谐振在电路中的应用。

9. 串联谐振时电路有哪些重要特征？

习题二

一、填空题

1. 正弦交流电的三要素是指正弦量的_____、_____和_____。

2. 反映正弦交流电振荡幅度的量是它的_____；反映正弦量随时间变化快慢程度的量是它的_____；确定正弦量计时初始位置的是它的_____。

3. 已知一正弦量 $i = 7.07\sin(314t - 30°)$ A，则该正弦电流的最大值是_____ A；有效值是_____ A；角频率是_____ rad/s；频率是_____ Hz；周期是_____ s；随时间的变化进程相位是_____；初相是_____；合_____弧度。

4. 正弦量的_____值等于它的瞬时值的平方在一个周期内的平均值的_____，所以_____值又称为方均根值。也可以说，交流电的_____值等于与其_____相同的直流电的数值。

5. 两个_____正弦量之间的相位之差称为相位差，_____频率的正弦量之间不存在相位差的概念。

6. 实际应用的电表交流指示值和我们实验的交流测量值，都是交流电的_____值。工程上所说的交流电压、交流电流的数值，通常也都是它们的_____值，此值与交流电最大值的数量关系为_____。

7. 电阻元件上的电压、电流在相位上是_____关系；电感元件上的电压、电流相位存在_____关系，且电压_____电流；电容元件上的电压、电流相位存在_____关系，且电压_____电流。

8. _____的电压和电流构成的是有功功率，用 P 表示，单位为_____；_____的电压和电流构成无功功率，用 Q 表示，单位为_____。

9. 能量转换中过程不可逆的功率称_____功率，能量转换中过程可逆的功率称_____功率。能量转换过程不可逆的功率意味着不但_____，而且还有_____；能量转换过程可逆的功率则意味着只_____不_____。

10. 正弦交流电路中，电阻元件上的阻抗 $|Z|$ = _____，与频率_____；电感元件上的阻抗 $|Z|$ = _____，与频率_____；电容元件上的阻抗 $|Z|$ = _____，与频率_____。

11. 品质因数越_____，电路的_____性越好，但不能无限制地加大品质因数，否则将造成_____变窄，致使接收信号产生失真。

12. 单一电阻元件的正弦交流电路中，复阻抗 Z = _____；单一电感元件的正弦交流电路中，复阻抗 Z = _____；单一电容元件的正弦交流电路中，复阻抗 Z = _____；电阻电感相串联的正弦交流电路中，复阻抗 Z = _____；电阻电容相串联的正弦交流电路中，复阻抗 Z = _____；电阻电感电容相串联的正弦交流电路中，复阻抗 Z = _____。

13. 单一电阻元件的正弦交流电路中，复导纳 Y = _____；单一电感元件的正弦交流电路中，复导纳 Y = _____；单一电容元件的正弦交流电路中，复导纳 Y = _____；电阻电感电容相并联的正弦交流电路中，复导纳 Y = _____。

14. 按照各个正弦量的大小和相位关系用初始位置的有向线段画出的若干个相量的图形，称为_____图。

15. 谐振电路的应用，主要体现在用于_____和用于_____。

16. 有效值相量图中，各相量的线段长度对应了正弦量的_____值，各相量与正向实轴之间的夹角对应正弦量的_____。相量图直观地反映了各正弦量之间的_____关系和_____关系。

17. 理想并联谐振电路谐振时的阻抗 Z = _____，总电流等于_____。

18. RLC 串联电路中，电路复阻抗虚部大于零时，电路呈_____性；若复阻抗虚部小于零时，电路呈_____性；当电路复阻抗的虚部等于零时，电路呈_____性，此时电路中的总电压和电流相量在相位上呈_____关系，称电路发生串联_____。

19. RLC 并联电路中，电路复导纳虚部大于零时，电路呈_____性；若复导纳虚部小于零时，电路呈_____性；当电路复导纳的虚部等于零时，电路呈_____

性，此时电路中的总电流、电压相量在相位上呈_____关系，称电路发生并联_____。

20. RL 串联电路中，测得电阻两端电压为 120V，电感两端电压为 160V，则电路总电压是_____V。

21. 在含有 L、C 的电路中，出现总电压、电流同相位，这种现象称为_____。这种现象若发生在串联电路中，则电路中阻抗_____，电压一定时电流_____，且在电感和电容两端将出现_____；该现象若发生在并联电路中，电路阻抗将_____，电压一定时电流则_____，但在电感和电容支路中将出现_____现象。

22. 谐振发生时，电路中的角频率 ω_0 _____，频率 f_0 _____。

23. 串联谐振电路的品质因数 $Q = $_____。

二、判断下列说法的正确与错误

1. 正弦量的三要素是指它的最大值、角频率和相位。 （　　）

2. $u_1 = 220\sqrt{2}\sin314t\text{V}$ 超前 $u_2 = 311\sin(628t - 45°)\text{V}$ 的角度为 45°。 （　　）

3. 电抗和电阻的概念相同，都是阻碍交流电流的因素。 （　　）

4. 电阻元件上只消耗有功功率，不产生无功功率。 （　　）

5. 从电压、电流瞬时值关系式来看，电感元件属于动态元件。 （　　）

6. 无功功率的概念可以理解为这部分功率在电路中不起任何作用。 （　　）

7. 几个电容元件相串联，其电容量一定增大。 （　　）

8. 单一电感元件的正弦交流电路中，消耗的有功功率比较小。 （　　）

9. 串联谐振在 L 和 C 两端将出现过电压现象，因此也把串联谐振称为电压谐振。 （　　）

10. 谐振状态下电源供给电路的功率全部消耗在电阻上。 （　　）

11. 正弦量可以用相量来表示，因此相量等于正弦量。 （　　）

12. 几个复阻抗相加时，它们的和增大；几个复阻抗相减时，其差减小。 （　　）

13. 串联电路的总电压超前电流时，电路一定呈感性。 （　　）

14. 并联电路的总电流超前电压时，电路应呈感性。 （　　）

15. 电感电容相串联，$U_L = 120\text{V}$，$U_C = 80\text{V}$，则总电压等于 200V。 （　　）

16. 电阻电感相并联，$I_R = 3\text{A}$，$I_L = 4\text{A}$，则总电流等于 5A。 （　　）

17. 提高功率因数，可使负载中的电流减小，因此电源利用率提高。 （　　）

18. 串联谐振电路的特性阻抗 ρ 在数值上等于谐振时的感抗与线圈铜耗电阻的比值。 （　　）

19. 只要在感性设备两端并联一电容器，即可提高电路的功率因数。 （　　）

20. 视在功率在数值上等于电路中有功功率和无功功率之和。 （　　）

21. 串联谐振电路不仅广泛应用于电子技术中，也广泛应用于电力系统中。 （　　）

22. 谐振电路的品质因数越高，电路选择性越好，因此实用中 Q 值越大越好。 （　　）

23. 并联谐振在 L 和 C 支路上出现过现象，因此常把并联谐振称为电流谐振。 （　　）

三、单项选择题

1. 在正弦交流电路中，电感元件的瞬时值伏安关系可表达为（　　）

A. $u = iX_L$　　　　　　B. $u = j\omega L$　　　　　　C. $u = L\dfrac{\mathrm{d}i}{\mathrm{d}t}$

2. 已知工频电压有效值和初始值均为 380V，则该电压的瞬时值表达式为（　　）

A. $u = 380\sin314t$ V　　B. $u = 537\sin(314t + 45°)$ V　　C. $u = 380\sin(314t + 90°)$ V

3. 一个电热器，接在 10V 的直流电源上，产生的功率为 P。把它改接在正弦交流电源上，使其产生的功率为 $P/2$，则正弦交流电源电压的最大值为（　　）

A. 7.07V　　　　　　B. 5V　　　　　　C. 10V

4. 已知 $i_1 = 10\sin(314t + 90°)$ A，$i_2 = 10\sin(628t + 30°)$ A，则（　　）

A. i_1 超前 i_2 60°　　B. i_1 滞后 i_2 60°　　C. 相位差无法判断

5. 电容元件的正弦交流电路中，电压有效值不变，当频率增大时，电路中电流将（　　）

A. 增大　　　　　　B. 减小　　　　　　C. 不变

6. 电感元件的正弦交流电路中，电压有效值不变，当频率增大时，电路中电流将（　　）

A. 增大　　　　　　B. 减小　　　　　　C. 不变

7. 实验室中的交流电压表和电流表，其读值是交流电的（　　）。

A. 最大值　　　　　　B. 有效值　　　　　　C. 瞬时值

8. 314μF 电容元件用在 100Hz 的正弦交流电路中，所呈现的容抗值为（　　）

A. 0.197Ω　　　　　　B. 31.8Ω　　　　　　C. 5.1Ω

9. 发生串联谐振的电路条件是（　　）

A. $\dfrac{\omega_0 L}{R}$　　　　B. $f_0 = \dfrac{1}{\sqrt{LC}}$　　　　C. $\omega_0 = \dfrac{1}{\sqrt{LC}}$

10. 某电阻元件的额定数据为"1kΩ、2.5W"，正常使用时允许流过的最大电流为（　　）

A. 50mA　　　　　　B. 2.5mA　　　　　　C. 250mA

11. $u = -100\sin(6\pi t + 10°)$ V 超前 $i = 5\cos(6\pi t - 15°)$ A 的相位角是（　　）

A. 25°　　　　　　B. 95°　　　　　　C. 115°

12. 周期 $T = 1$s、频率 $f = 1$Hz 的正弦波是（　　）

A. $4\cos314t$　　　　B. $6\sin(5t + 17°)$　　　　C. $4\cos2\pi t$

13. 标有额定值为"220V、100W"和"220V、25W"白炽灯两盏，将其串联后接入 220V 工频交流电源上，其亮度情况是（　　）

A. 100W 的灯泡较亮　　B. 25W 的灯泡较亮　　C. 两只灯泡一样亮

14. 已知电路复阻抗 $Z = (3 - j4)$ Ω，则该电路一定呈（　　）

A. 感性　　　　　　B. 容性　　　　　　C. 阻性

15. 电感、电容相串联的正弦交流电路，消耗的有功功率为（　　）

A. UI　　　　　　B. $I^2 X$　　　　　　C. 0

模块二　单相正弦交流电路的应用

16. RL 串联的正弦交流电路中，复阻抗为（　　　）

A. $Z = R + jL$ 　　　　B. $Z = R + \omega L$ 　　　　C. $Z = R + jX_L$

17. 每只日光灯的功率因数为 0.5，当 N 只日光灯相并联时，总的功率因数（　　　）；若再与 m 只白炽灯并联，则总功率因数（　　　）

A. 大于 0.5 　　　　B. 小于 0.5 　　　　C. 等于 0.5

18. 日光灯电路的灯管电压与镇流器两端电压和电路总电压的关系为（　　　）

A. 两电压之和等于总电压 　　　　B. 两电压的相量和等于总电压

19. RLC 并联电路在 f_0 时发生谐振，当频率增加到 $2f_0$ 时，电路性质呈（　　　）

A. 电阻性 　　　　B. 电感性 　　　　C. 电容性

20. 处于谐振状态的 RLC 串联电路，当电源频率升高时，电路将呈现出（　　　）

A. 电阻性 　　　　B. 电感性 　　　　C. 电容性

21. 下列说法中，（　　　）是正确的。

A. 串联谐振时阻抗最小 　　B. 并联谐振时阻抗最小 　　C. 电路谐振时阻抗最小

22. 下列说法中，（　　　）是不正确的。

A. 并联谐振时电流最大

B. 并联谐振时电流最小

C. 理想并联谐振时总电流为零

23. 在 RL 串联的交流电路中，R 上端电压为 16V，L 上端电压为 12V，则总电压为（　　　）

A. 28V 　　　　B. 20V 　　　　C. 4V

四、简答题

1. 电源电压不变，当电路的频率变化时，通过电感元件的电流发生变化吗？

2. 某电容器额定耐压值为 450V，能否把它接在交流 380V 的电源上使用？为什么？

3. 你能说出电阻和电抗的不同之处和相似之处吗？它们的单位相同吗？

4. 无功功率和有功功率有什么区别？能否从字面上把无功功率理解为无用之功？为什么？

5. 从哪个方面来说，电阻元件是即时元件，电感和电容元件为动态元件？又从哪个方面说电阻元件是耗能元件，电感和电容元件是储能元件？

6. 为什么把串联谐振称为电压谐振而把并联谐振称为电流谐振？

7. 直流情况下，电容的容抗等于多少？容抗与哪些因素有关？

8. 感抗、容抗和电阻有何相同？有何不同？

9. 额定电压相同、额定功率不等的两个白炽灯，能否串联使用？

10. 如何理解电容元件的"通交隔直"作用？

11. 何谓串联谐振？串联谐振时电路有哪些重要特征？

12. 试述提高功率因数的意义和方法。

13. 发生并联谐振时，电路具有哪些特征？

14. 电压、电流相位如何时只吸收有功功率？只吸收无功功率时二者相位又如何？

五、计算分析题

1. 试求下列各正弦量的周期、频率和初相，二者的相位差如何？

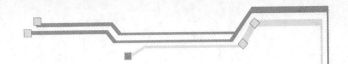

（1）$3\sin314t$；　　　　　　　（2）$8\sin(5t+17°)$

2. 某电阻元件的参数为 8Ω，接在 $u=220\sqrt{2}\sin314t\text{V}$ 的交流电源上。试求通过电阻元件上的电流 i，如用电流表测量该电路中的电流，其读数为多少？电路消耗的功率是多少瓦？若电源的频率增大一倍，电压有效值不变又如何？

3. 某线圈的电感量为 0.1H，电阻可忽略不计。接在 $u=220\sqrt{2}\sin314t\text{V}$ 的交流电源上。试求电路中的电流及无功功率；若电源频率为 100Hz，电压有效值不变又如何？写出电流的瞬时值表达式。

4. 如图 2-65 所示电路中，各电容量、交流电源的电压值和频率均相同，问哪一个电流表的读数最大？哪个为零？为什么？

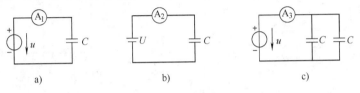

图 2-65　计算题 4 图

5. 已知工频正弦交流电流在 $t=0$ 时的瞬时值等于 0.5A，计时始该电流初相为 $30°$，求这一正弦交流电流的有效值。

6. 已知一串联谐振电路的参数 $R=10\Omega$，$L=0.13\text{mH}$，$C=558\text{pF}$，外加电压 $U=5\text{mV}$。试求电路在谐振时的电流、品质因数及电感和电容上的电压。

7. RL 串联电路接到 220V 的直流电源时功率为 1.2kW，接在 220V、50Hz 的电源时功率为 0.6kW，试求它的 R、L 值。

8. 已知交流接触器的线圈电阻为 200Ω，电感量为 7.3H，接到工频 220V 的电源上。求线圈中的电流 $I=$？如果误将此接触器接到 $U=220\text{V}$ 的直流电源上，线圈中的电流又为多少？如果此线圈允许通过的电流为 0.1A，将产生什么后果？

9. 在电扇电动机中串联一个电感线圈可以降低电动机两端的电压，从而达到调速的目的。已知电动机电阻为 190Ω，感抗为 260Ω，电源电压为工频 220V。现要使电动机上的电压降为 180V，求串联电感线圈的电感量 L' 应为多大（假定此线圈无损耗电阻）？能否用串联电阻来代替此线圈？试比较两种方法的优缺点。

10. 如图 2-66 所示电路中，已知 $Z=(30+\text{j}30)\Omega$，$\text{j}X_L=\text{j}10\Omega$，又知 $U_Z=85\text{V}$，求路端电压有效值 $U=$？

11. 已知正弦电压最大值为 220V，频率为 100Hz，在 0.03s 时，瞬时值为 150V，求初相 φ，写出解析式。

12. 已知电流相量 $\dot{I}=(5+\text{j}3)\text{A}$，频率 $f=50\text{Hz}$，求 $t=0.01\text{s}$ 时的瞬时值。

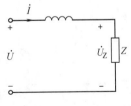

图 2-66　计算题 10 图

13. 求如图 2-67 所示电路的阻抗和导纳，$\omega=4$。

14. 如图 2-68 所示电路中，已知 $\dot{U}_S=10\underline{/0°}\text{V}$，$R=20\Omega$，$X_L=15\Omega$，求 $\dot{I}$。

15. 如图 2-69 所示电路中，已知 $\dot{I}_S=5\underline{/0°}\text{A}$，$R=30\Omega$，$X_C=40\Omega$，求 $\dot{I}$。

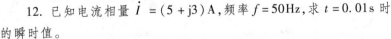

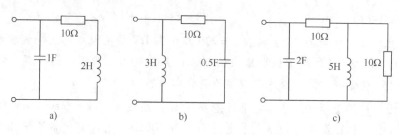

图 2-67 计算题 13 图

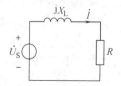

图 2-68 计算题 14 图

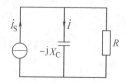

图 2-69 计算题 15 图

计 划 表

学习领域	电 路		学习小组、人数	第 组、 人
学习情境	单相正弦交流电路		专业、班级	
设计方式	小组讨论、共同制订实施计划			
模块编号 任务序号	计 划 步 骤		使 用 资 源	
计划说明				
计划评语				
	教师签字		组长签字	日期

电路基础

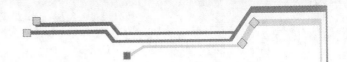

实 施 表

学习领域	电 路		学习小组、人数	第 组、 人
学习情境	单相正弦交流电路		专业、班级	
实施方式	团结协作、共同实施			
模块编号 任务序号	实 施 步 骤		使 用 资 源	
实施说明				
实施评语				
	教师签字		组长签字	日期

检 查 表

学习领域	电 路		学习小组、人数	第 组、 人
学习情境	单相正弦交流电路		专业、班级	
序号	检查项目	检查标准		存在问题
1	P2-T1	能准确说出正弦量的三个要素及含义		
2	P2-T1	会用相量法表示并计算正弦量		
3	P2-T2	识别正弦交流电路中的电阻元件		
4	P2-T2	识别正弦交流电路中的电感元件		
5	P2-T2	识别正弦交流电路中的电容元件		
6	P2-T3	会用相量法表示基尔霍夫定律		
7	P2-T3	能准确说出阻抗、导纳的定义和连接关系		
8	P2-T4	会鉴别电路中发生谐振时的现象、特征、条件		
9	P2-T4	会测量谐振电路		
检查评价				
	教师签字		组长签字	日期

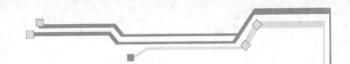

评 价 表

学习领域		电　　路		学习小组、人数		第　组、　人	
学习情境		单相正弦交流电路		专业、班级			
评价类别	评价内容	评价项目	配　分	P2-（T1～T4）			
				自　评	互　评	教师评价	
专业能力	资讯	搜集信息	5				
		引导问题回答					
	计划	计划可执行度	5				
		教材器材安排					
	实施	认识单相正弦交流电路	50				
		学习用相量法表示正弦电路					
		认识交流电路元件					
		学习复阻抗、复导纳及连接					
		鉴别谐振电路					
	检查	完整性	5				
		正确性					
社会能力	团结协作	团队精神	10				
		在小组的贡献					
	敬业精神	学习纪律	10				
		爱岗敬业、吃苦耐劳精神					
方法能力	计划能力	计划的正确性	10				
		计划效果					
	决策能力	选择的正确性	5				
		决策效果					
合　　计			100				
评价评语							
	教师签字		组长签字			日期	

模块二　单相正弦交流电路的应用

反 馈 表

学习领域	电　路	学习小组、人数		第　组、人		
学习情境	单相正弦交流电路	专业、班级				
序号	调 查 内 容		是	否	理 由 陈 述	
1	你觉得工学结合、校企合作对你学习有提高吗					
2	你掌握了正弦交流电路的知识吗					
3	你会用相量法表示正弦量吗					
4	你是否掌握正弦交流电路中的三种常用元件					
5	你是否掌握复阻抗、复导纳的含义及其连接关系					
6	你是否会鉴别及测量谐振电路					
7	通过本情境的学习,你觉得你的动手能力提高了吗					
8	通过学习,你愿意在业余时间主动去看这方面的参考书吗					
9	通过学习,你是否对电路基础应用课程产生了浓厚的兴趣					
10	通过四个情境的学习,你对自己的表现是否满意					
11	本情境学习后,你还有哪些问题不明白,哪些问题需要解决					
12	你是否满意小组成员之间的合作					
13	你认为本情境还应学习哪些方面的内容					

你的意见对改进教学非常重要,请写出你的建议和意见

学生签名		调查时间	

电路基础

模块三

三相正弦交流电路的应用

　　三相交流电是目前使用最广泛的交流电。在模块二单相交流电路的基础上，学习对称三相电路的基本概念及分析计算等内容。通过本任务的学习，理解三相电路的相电压、线电压、相电流、线电流、对称三相电路等基本概念；掌握对称三相电源、三相负载的连接及其特点，掌握线电压与相电压、线电流与相电流在三角形联结与星形联结中的关系；了解对称三相电路的分析计算及三相电路功率的概念及应用。

□ 任务一　三相电源的介绍
□ 任务二　三相负载的连接
□ 任务三　三相电路的计算
□ 任务四　安全用电常识

任务一　三相电源的介绍

　　模块二讨论的单相交流电路中，电源和负载之间是用两根线连接起来的，称为单相交流电。而目前我国广泛采用的是三相交流电源，它是把三个幅值相同、频率相同、相位相差120°的正弦交流电源连在一起而形成的，三相交流电在发电、输配电及用电等方面具有许多优点。本任务主要是通过三相电源的学习使学生对三相电路有一个整体、系统的认识，从而为后续的学习打好基础。

学习目标

> **知识目标**
> 1. 掌握三相正弦交流电压、电流的表示方法；
> 2. 掌握三相电源的连接；
> 3. 理解三相电源在实际中的应用。
>
> **能力目标**
> 1. 能复述出三相发电机的工作原理；
> 2. 会分析三相发电机的电路模型；
> 3. 掌握三相电源的连接与应用。
>
> **素质目标**
>
> 培养学生运用逻辑思维分析问题和解决问题的能力，培养学生较强的团队合作意识及人际沟通能力，培养学生良好的职业道德和敬业精神，培养学生良好的心理素质和克服困难的能力，培养学生具有较强的口头与书面表达能力。

学习任务书

学习领域	电　　路		学习小组、人数	第　组、　人
学习情境	三相电源的介绍		专业、班级	
任务内容	T1-1	三相对称正弦交流电的产生及表示方法		
	T1-2	三相电源的连接		
学习目标	1. 认识三相对称电源 2. 掌握三相电源的连接和应用			
任务描述	给学生一个三相交流发电机的模型，让学生通过模拟交流电的产生过程，理解三相正弦交流发电机的原理，正弦交流电压、电流的形式、波形、表达式等。通过之前对单项交流电的学习，进而掌握三相交流电源的常识，并能够与实际生产、生活中的三相交流电源对应			

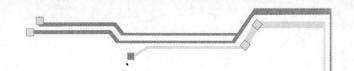

学习领域	电　路		学习小组、人数	第　组、　人
学习情境	三相电源的介绍		专业、班级	
对学生的要求	1. 学生必须理解三相对称电源的产生和表示方法 2. 学生必须理解三相电源的连接及其应用 3. 学生必须具有团队合作的精神，以小组的形式完成学习任务 4. 严格遵守课堂纪律，不迟到、不早退、不旷课 5. 学生应树立职业道德意识，并按照企业的质量管理体系标准去学习和工作 6. 本情境学习任务完成后，需提交计划表、实施表、检查表、评价表和反馈表			

 任务资讯

3.1.1　三相对称正弦交流电的产生及表示方法

三相对称正弦电压是由三相交流发电机产生的。

三相交流发电机由三个绕组共同绕制在一个转子上，三相绕组在空间位置上彼此相差120°，每个绕组称为一相。三个绕组的始端分别用 U_1、V_1、W_1 表示，称为相头。末端分别用 U_2、V_2、W_2 表示，称为相尾。U_1U_2、V_1V_2 和 W_1W_2 三个绕组分别称为 U 相、V 相、W 相绕组。发电机的定子是一对磁极。

当发电机的转子以角频率 ω 按逆时针方向旋转时，在三个绕组的两端分别产生幅值相同、频率相同、相位依次相差120°的正弦交流电压。每个绕组的电压参考方向规定由绕组的始端指向绕组的末端。这一组正弦交流电压叫做三相对称正弦交流电压。

一般令 U 相初相为零，并以 U 相作为参考正弦量，V 相滞后 U 相 120°，W 相滞后 V 相120°，则三个正弦电压的瞬时值表达式（解析式）分别为

$$u_U = U_m \sin\omega t$$
$$u_V = U_m \sin(\omega t - 120°)$$
$$u_W = U_m \sin(\omega t + 120°)$$

它们的相量式分别为

$$\dot{U}_U = U \underline{/0°}$$

$$\dot{U}_V = U \underline{/-120°}$$

$$\dot{U}_W = U \underline{/120°}$$

它们的波形图和相量图如图 3-1 所示。

从相量图可以看出，这一组对称三相正弦电压的相量之和等于零。

$$\dot{U}_U + \dot{U}_V + \dot{U}_W = U \underline{/0°} + U \underline{/-120°} + U \underline{/120°}$$

$$= U(1 - \frac{1}{2} - j\frac{\sqrt{3}}{2} - \frac{1}{2} + j\frac{\sqrt{3}}{2}) = 0$$

模块三　三相正弦交流电路的应用

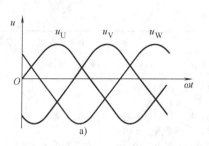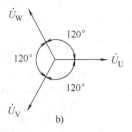

图 3-1　三相对称正弦电压的波形图及相量图
a）波形图　b）相量图

即
$$\dot{U}_{\mathrm{U}} + \dot{U}_{\mathrm{V}} + \dot{U}_{\mathrm{W}} = 0$$

　　能够提供这样一组对称三相正弦电压的电源就是三相正弦电源，通常所说的三相电源都是指对称三相电源。

　　从计时起点开始，对称三相正弦量依次出现最大值（或零值）的顺序称为相序。上述 U 相超前于 V 相、V 相超前于 W 相的顺序称为正相序，简称正序，即相序为 U−V−W−U，电力系统一般采用正序。工程上以黄、绿、红三种颜色分别作为 U、V、W 三相的标志。将任意两相调换顺序，例如相序为 U−W−V−U，则称为反序。

　　三相发电机的每相都可作为一个独立的正弦电源单独向负载供电，这样就需要六根输电线，实际上是不采用这种供电方式的。现行的三相电力系统都是把发电机的三个绕组（即三相电源）按照一定的方式连接成一个整体向负载供电，因而只需要三根或四根输电线，与每相单独供电的方式比较可以节省大量有色金属。

3.1.2　三相电源的连接

　　三相电源的连接有星形联结和三角形联结两种形式。

1. 三相电源的星形联结

　　星形联结：三个末端连接在一起引出中线，由三个首端引出三条相线，连接形式如图 3-2所示。每个电源的电压称为相电压，相线间电压称为线电压。

　　根据 KVL 可求得线电压与相电压的关系为

$$\dot{U}_{\mathrm{UV}} = \dot{U}_{\mathrm{U}} - \dot{U}_{\mathrm{V}} = \dot{U}_{\mathrm{U}} - \dot{U}_{\mathrm{U}}\underline{/-120^\circ} = \dot{U}_{\mathrm{U}}\left[1 - \left(-\frac{1}{2} - \mathrm{j}\frac{\sqrt{3}}{2}\right)\right] = \sqrt{3}\,\dot{U}_{\mathrm{U}}\underline{/30^\circ}$$

　　其余两个线电压也可推出类似结果。

　　结论：当三个相电压对称时，三个线电压有效值相等且为相电压有效值的 $\sqrt{3}$ 倍，在相位上，线电压比相应的相电压超前 30°，即

$$\dot{U}_{\mathrm{UV}} = \sqrt{3}\,\dot{U}_{\mathrm{U}}\underline{/30^\circ} = \sqrt{3}\,U_{\mathrm{p}}\underline{/30^\circ}$$

$$\dot{U}_{\mathrm{VW}} = \sqrt{3}\,\dot{U}_{\mathrm{V}}\underline{/30^\circ} = \sqrt{3}\,U_{\mathrm{p}}\underline{/-90^\circ}$$

电路基础

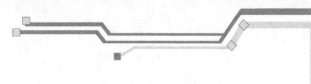

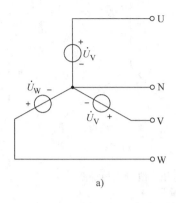

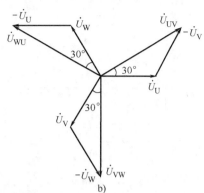

图 3-2　三相电源的星形联结及相电压、线电压相量图
a）星形联结　b）相量图

$$\dot{U}_{WU} = \sqrt{3}\dot{U}_{W}\underline{/30°} = \sqrt{3}U_{p}\underline{/150°}$$

以 $\dot{U}_{l}$ 表示线电压，$\dot{U}_{p}$ 表示相电压，可统一表示为

$$\dot{U}_{l} = \sqrt{3}\dot{U}_{p}\underline{/30°}$$

三个线电压也是一组对称的三相正弦量，三个线电压的相量和总等于零；或三个线电压瞬时值的代数和恒等于零，即

$$\dot{U}_{UV} + \dot{U}_{VW} + \dot{U}_{WU} = 0$$

$$u_{UV} + u_{VW} + u_{WU} = 0$$

目前我国电力网的低压供电系统（民用电）中，广泛应用的电源就是中点接地、并且引出中性线（零线）的三相四线制星形联结，此系统供电的线电压为 380V（380V = 220$\sqrt{3}$V），相电压为 220V，写作"电源电压 380/220V"。

近二三十年来，我国（特别是在城市）大量采用三相五线制低压供电方式，即三相 + N线 + PE线（PE线：保护接地线）。三相四线制低压供电系统也还在使用，但未来的趋势是三相五线制低压供电系统。

2. 三相电源的三角形联结

三角形联结：将三相绕组的首、末端依次相连，接成一个闭合回路（构成三角形），从三个接线点引出三条相线，如图 3-3 所示。

这种接法不能引出中线，只能是三相三线制，只能提供线电压，且线电压就是相应的相电压，即 $\dot{U}_{UV} = \dot{U}_{U}$，$\dot{U}_{VW} = \dot{U}_{V}$，$\dot{U}_{WU} = \dot{U}_{W}$，线电压、相电压相量图如图 3-3 所示。

在任何时刻，相电压相量之和等于零，线电压相量之和也等于零，即

$$\dot{U}_{U} + \dot{U}_{V} + \dot{U}_{W} = 0$$

$$\dot{U}_{UV} + \dot{U}_{VW} + \dot{U}_{WU} = 0$$

对称三相电源连接成三角形，未接负载时闭合回路内是不会有电流的。

模块三　三相正弦交流电路的应用

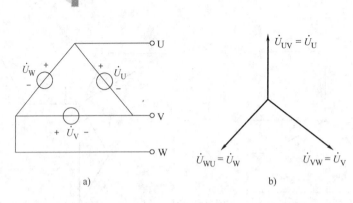

图 3-3　三相电源的三角形联结及相电压、线电压相量图
a) 三角形联结　b) 相量图

注意：电源三角形联结时，不能将某相接反，否则三相电源回路内的电压会达到相电压的两倍，导致电流过大，从而烧坏电源绕组。因此，做三角形联结时先预留一个开口，然后用电压表测量开口电压，如果电压为零，说明连接正确，再闭合开口。否则，要查找哪一相接反了。

【例题 3-1】对称三相电源中 $\dot{U}_B = 220 \angle{-30°}$ V。（1）试写出 $\dot{U}_A$、$\dot{U}_C$；（2）写出 $u_A(t)$、$u_B(t)$、$u_C(t)$ 的表达式。

解：（1）根据三相对称的规律可得

$$\dot{U}_A = 220 \angle{90°} \text{V}, \quad \dot{U}_C = 220 \angle{-150°} \text{V}$$

（2）根据相量与正弦量之间的对应关系可得

$$u_A(t) = 220\sqrt{2}\sin(\omega t + 90°) \text{V}$$
$$u_B(t) = 220\sqrt{2}\sin(\omega t - 30°) \text{V}$$
$$u_C(t) = 220\sqrt{2}\sin(\omega t - 150°) \text{V}$$

 练习与思考

1. 对称三相电源的特点是什么？

2. 星形联结的对称三相电源，线电压 $u_{UV} = 380\sin 314t$ V，试写出其他线电压和各相电压的解析式。

3. 三相电源作三角形联结时，如果有一相绕组接反，后果如何？试用相量图加以分析说明。

4. 什么是三相交流电的线电压？

5. 什么是三相交流电的相电压？

6. 三相交流电的相序分为正序和逆序，正序为 U、V、W。如何操作可得到逆序？

7. 为什么实用中三相电动机可以采用三相三线制供电，而三相照明电路必须采用三相四线制供电系统？

8. 对称三相电源的特点是什么？

任务二 三相负载的连接

实际中的负载可看作无源网络，即可以用阻抗表示负载。三组负载可分别用三个阻抗等效代替。当这三个阻抗相等时，称为对称三相负载，否则为不对称三相负载。三相负载的连接方式有两种：星形联结和三角形联结。本任务学习三相负载的连接形式和分析方法。

学习目标

> **知识目标**
> 1. 掌握三相负载的电路模型；
> 2. 掌握三相负载的连接方式；
> 3. 掌握三相异步电动机的结构与转动原理。
>
> **能力目标**
> 1. 会分析三相负载的电路模型；
> 2. 掌握三相负载的连接；
> 3. 掌握三相负载在实际生活中的应用。

学习任务书

学习领域		电 路	学习小组、人数	第 组、 人
学习情境		三相负载的连接	专业、班级	
任务内容	T2-1	三相负载的星形联结		
	T2-2	三相负载的三角形联结		
	T2-3	三相异步电动机的结构与转动原理		
学习目标	1. 认识三相负载 2. 掌握三相负载的星形和三角形联结 3. 能分析三相异步电动机的结构与转动原理 4. 了解三相异步电动机的应用			
任务描述	给学生两个三相负载的模型，分别是星形联结和三角形联结，让学生认识三相负载的两种不同连接形式，并通过对比与联系，理解二者的异同，并通过学习三相异步电动机以使学习深化并与实际生产生活相联系			
对学生 的要求	1. 学生必须认识三相负载 2. 学生必须理解掌握三相负载的连接关系和表示方法 3. 学生必须能够理解三相异步电动机的结构与转动原理 4. 学生必须具有团队合作的精神，以小组的形式完成学习任务			

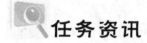

任务资讯

3.2.1 三相负载的星形联结

三相负载的星形联结是把各相负载的一端连接到一起作为公共点，另一端分别与电源的三个端线相连。负载的公共点称为负载的中性点，简称中点，用 N′表示。如果电源也为星形联结，则负载中点与电源中点的连接称为中线，两中点间的电压 $\dot{U}_{\text{N'N}}$ 称为中点电压。如果电路中有中线连接，则可以构成三相四线制电路；如果没有中线连接，则只能构成三相三线制电路。

1. 三相四线制电路

负载星形联结的三相四线制电路如图 3-4 所示，每相负载的阻抗为 Z_{U}、Z_{V}、Z_{W}，若中线阻抗远小于负载阻抗，就可以忽略中线阻抗，则中点电压 $\dot{U}_{\text{N'N}} = 0$。若不计线路阻抗，由 KVL 可得，各相负载的电压等于该相电源的相电压，即不管负载对称与否（即不管负载的复阻抗是否相等），负载的电压总是对称的。因此，在三相四线制供电系统中，可以将各种单相负载（如照明、家用电器等）接入其中一相使用。

在三相电路中，流过每根端线中的电流称为线电流，线电流的方向规定从电源指向负载。流过每相负载的电流称为相电流，线电流、相电流的有效值分别用 I_1、I_p 表示。流过中线的电流称为中线电流。

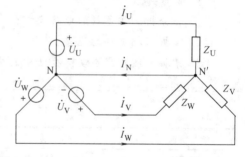

图 3-4　负载为丫形的三相四线制电路

在关联参考方向下，星形联结的负载，线电流等于相电流，即

$$\dot{I}_1 = \dot{I}_p$$

如果知道每相负载的复阻抗和负载端电压，则可按单相正弦交流电路求得相电流为

$$\dot{I}_{\text{U}} = \frac{\dot{U}_{\text{U}}}{Z_{\text{U}}}, \quad \dot{I}_{\text{V}} = \frac{\dot{U}_{\text{V}}}{Z_{\text{V}}}, \quad \dot{I}_{\text{W}} = \frac{\dot{U}_{\text{W}}}{Z_{\text{W}}}$$

由 KCL 得中线电流为

$$u = u_{\text{s}} - iR_0$$

如果负载对称（即 $Z = Z_{\text{U}} = Z_{\text{V}} = Z_{\text{W}}$），则为对称三相电路。此时，由于三相电源对称，因此负载的相电压对称，相电流也对称，有

$$U = U_{\text{s}} - IR_0$$

此时，中线电流 $\dot{I}_{\text{N}} = 0$，可以省略中线而成为三线制。

从以上分析可以看出，对于对称三相电路，只需取一相计算，其余两相的电流（电压）可以根据对称性写出来。

电路基础

2. 三相三线制电路

如图 3-5 所示为三相三线制电路，其中电源和负载均为星形联结，但两中点间无中线连接。

由弥尔曼定理（通常把用来解由电压源和电阻组成的两个节点电路的节点电压法叫做弥尔曼定理）得中点电压为

$$\dot{U}_{N'N} = \frac{\sum (\dot{U}Y)}{\sum Y} = \frac{\dfrac{\dot{U}_U}{Z_U} + \dfrac{\dot{U}_V}{Z_V} + \dfrac{\dot{U}_W}{Z_W}}{\dfrac{1}{Z_U} + \dfrac{1}{Z_V} + \dfrac{1}{Z_W}}$$

若负载对称，即 $Z = Z_U = Z_V = Z_W$ 时，则 $\dot{U}_{N'N} = 0$。

可见，负载对称时中点电压为零，与四线制负载对称时的情况相同，各相负载的电压等于该相电源的电压，各相电流也是大小相等、相位相差 120°。

若负载不对称，则 $\dot{U}_{N'N} \neq 0$，即负载中点不再与电源中点等电位，这种情况称为中点位移。中点位移时，会使三相负载的相电压不相等，严重时可能导致有的相电压太低造成负载不能正常工作，而有的相电压太高造成负载烧毁。所以，三

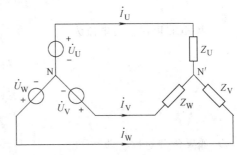

图 3-5　负载为丫形的三相三线制电路

相三线制星形联结的电路必须使负载对称，不容许负载不对称。三相三线制星形联结一般用于三相对称电动机负载。

应当注意：三相四线制电路允许负载不对称，但此时中线的作用是至关重要的，当负载不对称时，中线必须可靠连接，不能随意去掉，中线上绝对不能装开关或熔断器。因为负载不对称时，一旦中线断线，四线制就成了三线制，此时负载的不对称性就可能导致严重的后果。

3.2.2　三相负载的三角形联结

如图 3-6 所示为三相负载的三角形联结。

不计线路阻抗时，电源的线电压等于负载的相电压。由于电源的线电压总是对称的，因此，无论负载是否对称，负载的相电压总是对称的。此时，各相负载的相电流为

$$\dot{I}_{UV} = \frac{\dot{U}_{UV}}{Z_{UV}}$$

$$\dot{I}_{VW} = \frac{\dot{U}_{VW}}{Z_{VW}}$$

$$\dot{I}_{WU} = \frac{\dot{U}_{WU}}{Z_{WU}}$$

模块三　三相正弦交流电路的应用

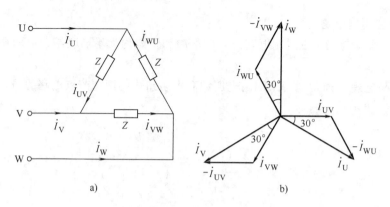

图 3-6　负载为△联结及负载对称时的电流相量图

a) 负载为△联结　b) 电流相量图

由 KCL 可得各线电流为

$$\dot{I}_U = \dot{I}_{UV} - \dot{I}_{WU}$$

$$\dot{I}_V = \dot{I}_{VW} - \dot{I}_{UV}$$

$$\dot{I}_W = \dot{I}_{WU} - \dot{I}_{UW}$$

如果负载对称，即

$$Z_{VW} = Z_{UV} = Z_{WU} = Z$$

则各相电流为

$$\dot{I}_{UV} = \frac{\dot{U}_{UV}}{Z}$$

$$\dot{I}_{VW} = \frac{\dot{U}_{VW}}{Z} = \frac{\dot{U}_{UV}\underline{/-120°}}{Z} = \dot{I}_{UV}\underline{/-120°}$$

$$\dot{I}_{WU} = \frac{\dot{U}_{WU}}{Z} = \frac{\dot{U}_{UV}\underline{/120°}}{Z} = \dot{I}_{UV}\underline{/120°}$$

三个相电流为一组对称三相正弦量。

线电流 $\dot{I}_U$ 为

$$\dot{I}_U = \dot{I}_{UV} - \dot{I}_{WU} = \dot{I}_{UV} - \dot{I}_{UV}\underline{/120°} = \dot{I}_{UV}\left(\frac{3}{2} - j\frac{\sqrt{3}}{2}\right) = \sqrt{3}\,\dot{I}_{UV}\underline{/-30°}$$

其余两个线电流也可推出类似的结果。三个线电流也是一组对称三相正弦量。

可见，对于对称三相电路，只要计算一相电流，其余相电流、线电流可以根据对称性写出。

结论：负载对称时，线电流的有效值等于相电流的有效值的 $\sqrt{3}$ 倍，且线电流滞后相电流30°，即

$$\dot{I}_1 = \sqrt{3}\,\dot{I}_p\underline{/30°}$$

电路基础

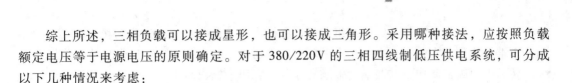

综上所述，三相负载可以接成星形，也可以接成三角形。采用哪种接法，应按照负载额定电压等于电源电压的原则确定。对于 380/220V 的三相四线制低压供电系统，可分成以下几种情况来考虑：

1）当使用额定电压 220V 的单相负载时，应把它接在电源的端线与中线之间。

2）当使用额定电压 380V 的单相负载时，应把它接在电源的端线与端线之间。

3）如果三相对称负载的额定电压为 220V，要想把它们接入线电压为 380V 的电源上，则应星形联结。

4）如果三相对称负载的额定电压为 380V，则应将它们三角形联结。

3.2.3 实训：三相异步电动机的结构与转动原理

1. 三相异步电动机的结构

三相异步电动机由定子和转子构成。定子和转子都有铁心和绕组。转子分为鼠笼式和绕线式两种结构。鼠笼式转子绕组有铜条和铸铝两种形式。绕线式转子绕组的形式与定子绕组基本相同，三个绕组的末端连接在一起构成星形联结，三个始端连接在三个铜集电环上，起动变阻器和调速变阻器通过电刷与集电环和转子绕组相连接。如图 3-7 所示为三相异步电动机结构原理图。

（1）定子

定子由定子铁心、定子绕组和机座三部分组成。

定子铁心是电机磁路的一部分，是由 0.5mm 厚、两面涂有绝缘漆的硅钢片叠压制成，在其内圆中有分布的槽，槽内嵌放三相对称绕组。定子绕组是电机的电路部分，它用铜线缠绕而成，三相绕组根据需要可接成星形和三角形，由接线盒的端子板引出。机座是电动机的支架，一般用铸铁或铸钢制成。

（2）转子

转子由转子铁心、转子绕组和转轴三部分组成。

转子铁心也是由 0.5mm 厚、两面涂有绝缘漆的硅钢片叠压制成，在其外圆中有分布的槽，槽内嵌放转子绕组，转子铁心装在转轴上笼形转轴绕组结构与定子绕组不同，转子铁心各槽内都嵌有铸铝导条，端部有短路环短接，形成一个短接回路。去掉铁心，形如一笼子。

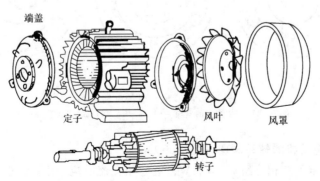

图 3-7　三相异步电动机结构原理图

绕线型转子绕组结构与定子绕组相似，在槽内嵌放三相绕组，通常为星形联结，绕组的三个端线接到装在轴上一端的三个滑环上，再通过一套电刷引出，以便与外电路相连。

转轴由中碳钢制成，其两端由轴承支撑着，它用来输出转矩。

2. 旋转磁场

为了便于分析，异步电动机的三相绕组用三个线圈表示，它们在空间互差120°，并接成星形联结，把三相绕组接到三相交流电源上，三相绕组便有三相对称电流流过，如图3-8所示。假定电流的正方向由线圈的始端流向末端，流过三相线圈的电流分别为

$$i_U = I_M \sin\omega t$$

$$i_V = I_M \sin(\omega t - 120°)$$

$$i_W = I_M \sin(\omega t + 120°)$$

由此可以看出，旋转磁场的旋转方向与相序方向一致，如果改变相序，旋转磁场方向也随之改变。三相异步电动机的反转正是利用这个原理。

进一步分析还可得到其转速 $n_1 = \dfrac{60f_1}{p}$，单位为 r/min。

式中，f_1 为电网频率，p 为磁极对数。

对已制成的电动机，$p = c$，则 $n_1 \propto f_1$，即决定旋转磁场转速的唯一因素是频率，故有时亦称 n_1 为电网频率所对应的同步转速。

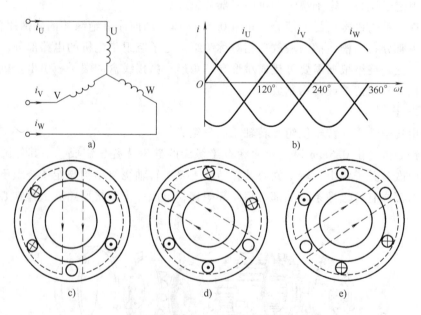

图3-8　异步电动机的旋转磁场

a）三相绕组　b）三相绕组的电流　c）$\omega t = 0°$　d）$\omega t = 120°$　e）$\omega t = 240°$

3. 三相异步电动机的转动原理（见图3-9）

1）电生磁：定子三相绕组 U、V、W，通三相交流电流产生旋转磁场，其转向与相序一致，为顺时针方向。

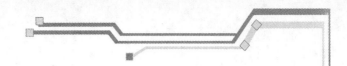

$$n_1 = \frac{60f_1}{p}$$

2）（动）磁生电：定子旋转磁场切割转子绕组，在转子绕组感应出电动势，其方向由"右手螺旋定则"确定。

由于转子绕组自身闭合，便有电流流过，并假定电流方向与电动势方向相同。

3）电磁力（矩）：转子绕组感应电流与定子旋转磁场（即电流）相序一致，于是，异步电动机在电磁转矩的驱动下，以 n 的速度顺着旋转磁场的方向旋转。异步电动机转速 n 恒小于定子旋转磁场转速 n_1，只有这样，转子绕组与定子旋转磁场之间才有相对的速度差（转速差），转子绕组才能感应电动势和电流，从而产生电磁转矩。因而 $n < n_1$（有转速差）是异步电动机旋转的必要条件，异步的名称也是由此而来。

我们把异步电动机的转速差 $(n_1 - n)$ 与旋转磁场转速 n_1 的比率称为转差率，用 s 表示。转差率的表达式为

$$s = \frac{n_1 - n}{n_1}$$

转差率是分析异步电动机运行的一个重要参数，它与负载情况有关。当转子尚未转动（如起动瞬间）时，$n = 0$，$s = 1$；当转子转速接近于同步转速（空载运行）时，$n \approx n_1$，$s \approx 0$。因此，对异步电动机来说，s 是在 $0 \sim 1$ 范围内变化。异步电动机负载越大，转速越慢，转差率就越大；负载越小，转速越快，转差率就越小。由上式推得 $n = (1 - s)n_1$。

在正常运行范围内，异步电动机的转差率很小，仅在 $0.01 \sim 0.06$ 之间，可见异步电动机的转速很接近旋转磁场转速。

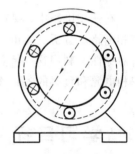

图 3-9　三相异步电动机的转动原理

 练习与思考

1. 三相电路的连接方式有几种？各有什么特点？试画出几种连接方式的电路图。

2. 三个阻值相等的电阻丫形联结后，接到线电压 380V 的三相电源上，线电流为 2A，则相电压、相电流分别为多大？现若把这三个电阻改成 △ 联结，接到线电压为 220V 的三相电源，线电流为多大？相电流为多大？

3. 说出对称三相负载星形联结时，线电压与相电压的关系。

4. 说出对称三相负载星形联结时，线电流与相电流的关系。

5. 说出对称三相负载三角形联结时，线电压与相电压的关系。

6. 说出对称三相负载三角形联结时，线电流与相电流的关系。

7. 电路如图 3-10 所示，电源线电压有效值为 380V，$Z = (6 + j8)\Omega$，求线电流 $\dot{I}_U$，$\dot{I}_V$，$\dot{I}_W$。

8. 三相四线制供电系统中，中线的作用是什么？

9. 三相四线制供电系统中，为什么规定中线上不得安装熔断器和开关？

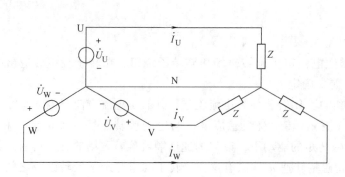

图 3-10　习题 7 图

任务三　三相电路的计算

在三相电路中，如果三相电源和三相负载都对称，且三个线路阻抗相等，则称为对称三相电路。分析三相电路可依据正弦交流电路中的各种分析方法，但由于对称三相电路具有对称性，利用这一特点，可以简化对称三相电路的分析计算。本次学习任务主要是通过三相电源和负载的各种连接形式，对三相电路的计算方法予以分析。

 学习目标

➥ **知识目标**

1. 掌握三相电路的分析计算；

2. 理解三相电路的瞬时功率、平均功率、无功功率、视在功率的含义、相互关系及计算方法。

➥ **能力目标**

1. 通过三相电路的计算，能够进行总结归纳，进而掌握分析计算三相电路的一般方法；

2. 了解三相电路的应用。

学习任务书

学习领域	电　路		学习小组、人数	第　组、　人
学习情境	三相电路的应用		专业、班级	
任务内容	T3-1	计算三相对称电路		
	T3-2	计算三相电路的功率		
学习目标	1. 学会对三相对称电路的分析、计算方法 2. 理解三相电路的瞬时功率、平均功率、无功功率、视在功率的含义、相互关系及计算方法			

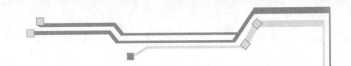

学习领域	电　路	学习小组、人数	第　组、　人
学习情境	三相电路的应用	专业、班级	
任务描述	根据所学的三相电源、三相负载的相关知识，让学生把它们任意连接起来构成三相电路。根据对这个具体电路进行分析，找到计算的一般方法，并通过学习材料，了解三相电路的功率，知道其含义及计算方法		
对学生的要求	1. 学生必须掌握三相对称电路的分析、计算方法 2. 学生必须理解三相电路的功率并会相应的计算 3. 学生必须具有团队合作的精神，以小组的形式完成工作任务		

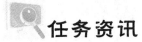

任务资讯

3.3.1　三相电路的分析计算

三相电源与三相负载之间的连接有五种方式，分别为 Y／Y、Y_0／Y_0、Y／△、△／Y、△／△。其中"／"左边表示电源的连接，右边表示负载的连接，有下标"0"表示有中线，否则表示无中线。

对称三相电路是指三相电源对称、三相负载对称、三相输电线也对称（即三根输电线的复阻抗相等）的三相电路。以上五种接法的三相电路都可以是对称三相电路。

对称三相电路负载的相电流、相电压、负载端的线电流、线电压都对称分布，且对称三相电路的负载相电流只决定于本相电源和负载，所以对称三相电路可采用单相法计算，步骤如下：

1）电源为△形联结时，代之以等效Y形联结。电源一般多为星形联结。

2）负载为星形联结时，用一条假设的中线将电源中点与负载中点连接起来，形成等效的三相四线制电路。

3）取出某一相电路（一般取 U 相），计算出结果，由对称性求出其余两相的电流、电压。

4）负载是△形联结的，直接用线电压进行，如上面计算即可。

【**例题 3-2**】如图 3-11a 所示的对称三相电路中，每相负载阻抗 $Z = (6 + j8)\,\Omega$，端线阻抗 $Z_1 = (1 + j1)\,\Omega$，电源线电压有效值为 380V，求负载各相电流、每条端线中的线电流、负载各相电压。

解： 由已知线电压 $U_1 = 380V$，得相电压 $U_P = \dfrac{U_1}{\sqrt{3}} = \dfrac{380V}{\sqrt{3}} = 220V$，画出 U 相电路，如图 3-11b 所示。

设 $\dot{U}_U = 220\underline{/0°}\,V$，因负载是Y形联结，则线电流等于相电流。U 相线电流（相电流）为

$$I_U = \frac{\dot{U}_U}{Z_1 + Z} = \frac{220\underline{/0°}}{(1 + j1) + (6 + j8)}A = \frac{220\underline{/0°}}{11.4\underline{/52.1°}}A = 19.3\underline{/-52.1°}A$$

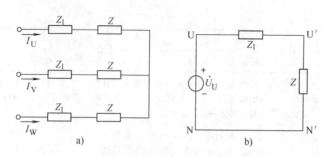

图 3-11　例题 3-2 电路图

a) 例题 3-2 图　b) U 相电路

由对称性知

$$\dot{I}_V = \dot{I}_U \underline{/-120°} = 19.3 \underline{/-172.1°}\text{A}$$

$$\dot{I}_W = \dot{I}_U \underline{/120°} = 19.3 \underline{/67.9°}\text{A}$$

U 相负载相电压

$$\dot{U}_{V'} = \dot{U}_{V'N} = \dot{Z}\dot{I}_V = (6 + j8) \times 19.3 \underline{/-52.1°}\text{V} = 192 \underline{/1°}\text{V}$$

由对称性知

$$\dot{U}_{V'} = \dot{U}_{U'} \underline{/-120°} = 192 \underline{/-119°}\text{V}$$

$$\dot{U}_{W'} = \dot{U}_{V'} \underline{/120°} = 192 \underline{/121°}\text{V}$$

3.3.2　三相电路的功率

1. 三相负载的有功功率

在三相电路中，三相负载总的有功功率等于各相负载的有功功率之和，即

$$P = P_U + P_V + P_W = U_U I_U \cos\varphi_U + U_V I_V \cos\varphi_V + U_W I_W \cos\varphi_W$$

式中，U 的有关项分别为各相电压的有效值，I 的有关项分别为各项电流的有效值，$\cos\varphi$ 的有关项分别为各相负载的功率因数。

若负载对称时，则

$$U_U I_U \cos\varphi_U = U_V I_V \cos\varphi_V = U_W I_W \cos\varphi_W = U_P I_P \cos\varphi_P$$

式中，U_P、I_P 分别为相电压和相电流的有效值，φ_P 为每相负载的阻抗角。

三相总有功功率为

$$P = P_U + P_V + P_W = 3U_P I_P \cos\varphi_P$$

当负载为Y形联结时，有

$$U_P = \frac{U_l}{\sqrt{3}}, \quad I_P = I_l, \quad \text{所以有 } P = \sqrt{3}U_l I_l \cos\varphi_P$$

当负载为△形联结时，有

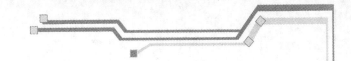

$$I_\mathrm{P} = \frac{I_1}{\sqrt{3}}, \quad U_\mathrm{P} = U_1, \quad \text{同样有 } P = \sqrt{3} U_1 I_1 \cos\varphi_\mathrm{P}$$

可见，对称三相负载无论接成什么形，总有功功率的计算值是一样的。

2. 三相负载的无功功率

同样地，三相负载总的无功功率等于各相负载的无功功率之和，即

$$Q = Q_\mathrm{U} + Q_\mathrm{V} + Q_\mathrm{W} = U_\mathrm{U} I_\mathrm{U} \sin\varphi_\mathrm{U} + U_\mathrm{V} I_\mathrm{V} \sin\varphi_\mathrm{V} + U_\mathrm{W} I_\mathrm{W} \sin\varphi_\mathrm{W}$$

若负载对称，则各相负载的无功功率相等，无论接成什么形，总无功功率为

$$Q = Q_\mathrm{U} + Q_\mathrm{V} + Q_\mathrm{W} = 3 U_\mathrm{P} I_\mathrm{P} \sin\varphi_\mathrm{P} = \sqrt{3} U_1 I_1 \sin\varphi_\mathrm{P}$$

3. 三相负载的视在功率

三相负载的视在功率不等于各相视在功率之和，应为

$$S = \sqrt{P^2 + Q^2}$$

若负载对称，则

$$S = \sqrt{\left(\sqrt{3} U_1 I_1 \cos\varphi_\mathrm{P}\right)^2 + \left(\sqrt{3} U_1 I_1 \sin\varphi_\mathrm{P}\right)^2} = \sqrt{3} U_1 I_1$$

4. 三相负载的功率因数

三相负载的功率因数为 $\lambda = \dfrac{P}{S}$

若负载对称，则 $\lambda = \dfrac{P}{S} = \cos\varphi_\mathrm{P}$

即负载对称时，三相负载的功率因数与每一项负载的功率因数相等。

3.3.3 对称三相电路的瞬时功率

三相电路总瞬时功率等于各相瞬时功率之和，即

$$p = p_\mathrm{U} + p_\mathrm{V} + p_\mathrm{W} = u_\mathrm{U} i_\mathrm{U} + u_\mathrm{V} i_\mathrm{V} + u_\mathrm{W} i_\mathrm{W}$$

对称三相电路的三相电压是一组对称量；电流也是一组对称量。将各相电压、电流代入上式运算，即可得总瞬时功率为

$$p = \sqrt{3} U_1 I_1 \cos\varphi_\mathrm{P}$$

即对称三相电路中总瞬时功率等于总有功功率，它是一个常量，不随时间变化而变化。这是对称三相电路的一个优点。

【**例题 3-3**】 如图 3-12 所示为对称 Y-Y 三相电路，电源相电压为 220V，负载阻抗 $Z = (30 + \mathrm{j}20)\,\Omega$，求：

（1）图中电流表的读数；

（2）三相负载吸收的功率；

（3）如果 A 相的负载阻抗等于零（其他不变），再求 (1)、(2)；

（4）如果 A 相负载开路，再求 (1)、(2)。

解：$Z = (30 + \mathrm{j}20)\,\Omega = 36.0\,\underline{/33.7°}\,\Omega$

（1）对称三相电路可归结为一相电路的计算。图中电

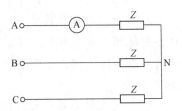

图 3-12 例题 3-3 图

模块三 三相正弦交流电路的应用

流表的读数为

$$I = \frac{220}{36.0}A \approx 6.1\,A$$

（2）三相负载吸收的功率为

$$P = 3 \times 220 \times 6.1 \times \cos 33.7° W \approx 3349\,W$$

（3）A相的负载阻抗等于零时相当于A相的负载阻抗短路，此时B、C两相分别与A相构成回路，设电源线电压 $\dot{U}_{AB} = 380\,\underline{/0°}\,V$，有

$$\dot{I}_B = \frac{-\dot{U}_{AB}}{Z} = \frac{380\,\underline{/180°}}{36.0\,\underline{/33.7°}}A \approx 10.5\,\underline{/146.3°}\,A \approx (-8.73 + j5.82)\,A$$

$$\dot{I}_C = \frac{\dot{U}_{CA}}{Z} = \frac{380\,\underline{/120°}}{36.0\,\underline{/33.7°}}A \approx 10.5\,\underline{/86.3°}\,A \approx (0.68 + j10.48)\,A$$

$$\dot{I}_A = \dot{I}_B + \dot{I}_C \approx (-8.73 + j5.82)\,A + (0.68 + j10.48)\,A \approx (-8.05 + j16.3)\,A \approx 18.2\,\underline{/116°}\,A$$

则电流表的读数为 18.2 A。

负载吸收的有功功率为

$$P = P_B + P_C = 380 \times 10.5 \times \cos 33.7° \times 2\,W \approx 6639\,W$$

（4）如果A相负载开路，则通过的A相的电流为零。电路的电流和功率为

$$\dot{I}_{BC} = \frac{\dot{U}_{BC}}{2Z} = \frac{380\,\underline{/-120°}}{2 \times 36.0\,\underline{/33.7°}}A = \frac{380\,\underline{/-120°}}{72.0\,\underline{/33.7°}}A \approx 5.28\,\underline{/-154°}\,A$$

$$P = 380 \times 5.28 \times \cos 33.7° W \approx 1669\,W$$

 练习与思考

1. 星形联结的对称三相负载 $Z = (12 + j9)\,\Omega$，接到线电压为380V 的三相四线制供电系统中，求其三相功率的大小。

2. 写出对称三相负载的有功功率计算式。

3. 写出对称三相负载的无功功率计算式。

4. 写出对称三相负载的视在功率计算式。

5. 什么是功率三角形？

6. 某超高压输电线路中，线电压为 $2.2 \times 10^5\,V$ 伏，输送功率为 $2.4 \times 10^5\,kW$。若输电线路的每相电阻为 $10\,\Omega$，（1）试计算负载功率因数为0.9时线路上的电压降及输电线上一年的电能损耗。（2）若负载功率因数降为0.6，则线路上的电压降及一年的电能损耗又为多少？

7. 一台三相异步电动机的功率因数为0.86，效率 $\eta = 0.88$，额定电压为380V，输出功率为2.2kW，求电动机向电源取用的电流为多少？

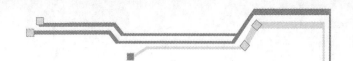

任务四　安全用电常识

用电安全包括人身安全和用电设备的安全，只有懂得安全用电常识，才能主动灵活地驾驭电，避免触电事故的发生，保障人身和设备的安全。本任务主要介绍安全用电的一些常识性内容，使学生能够正确认识生产中的安全要素。

学习目标

> **知识目标**
> 1. 学习掌握三相电路的安全用电常识；
> 2. 正确认识生产中的安全要素。
>
> **能力目标**
> 1. 通过学习和查阅资料，掌握三相电路的安全用电常识；
> 2. 能够自觉地把安全用电常识应用在实际生产生活中。

学习任务书

学习领域	电　　路		学习小组、人数	第　组、　人
学习情境	安全用电常识		专业、班级	
任务内容	T4-1	了解电流对人体的危害		
	T4-2	认识常见的触电方式		
	T4-3	认识常用的安全措施		
学习目标	1. 通过学习和查阅资料，了解电流对人体的危害 2. 通过学习和查阅资料，认识常见的触电方式 3. 通过学习和查阅资料，了解常用的安全措施 4. 会处理常见的不安全用电方法			
任务描述	给学生介绍实际生产、生活中的案例，让同学们了解什么是触电，了解电流对人身体的危害，在意识上先确立起安全用电的重要性。进而学习常用的安全措施，在生产、生活中实现安全用电			
对学生的要求	1. 学生必须理解电流对人体的危害 2. 学生必须了解理解常见的触电方式 3. 学生必须掌握安全用电的措施 4. 学生必须具有团队合作的精神，以小组的形式完成学习任务			

任务资讯

3.4.1　电流对人体的危害

人体接触到电流后会受到两种伤害：电击（电流流经人体内部组织形成回路，造成体内组织的破坏而导致受伤）和电伤（电流仅经过人体表面皮肤组织，造成体表局部受伤）。两种伤害可能同时发生，但绝大多数触电事故是由电击所造成的。所以，通常所说的触电都是指电击而言的。

电流对人体伤害的程度，与流过人体的电流频率、大小、作用时间，电流流过人体的部位，以及触电者自身的身体状况等因素有关。研究表明：频率为 30～100Hz 的交流电流对人体的伤害最大，而 20kHz 以上的低压电流对人体基本上无害，而且可用来治疗。

当 50Hz 的工频电流流过人体时，就会产生呼吸困难、肌肉痉挛，使中枢神经遭到损害，从而导致死亡。电流流过大脑或心脏时最易造成死亡事故。

触电伤人的主要因素是电流，而电流的大小又与作用到人体上的电压大小和人体电阻的大小有关。通常人体电阻值从 800 到几万欧不等。当人体皮肤出汗，或有导电尘埃存在时电阻值就下降；当人生病时电阻值也会下降。当作用到人体上的电压低于 36V 时，对人体的伤害几乎为零，所以规定 36V 以下的电压为安全电压。

3.4.2　常见的触电方式

常见的触电方式有单相触电、两相触电、跨步电压触电等，最常见的是单相触电。

人体同时接触到两根相线时就形成了两相触电。此时人体承受了 380V 电压的作用，而且触电电流是通过人体内脏形成回路，对人体造成的伤害最大、最危险。

当人站在地面上，而身体的某一部位触及一根相线时就形成了单相触电。此时人体承受到 220V 电压的作用，而且触电电流通过人体心脏、双脚到地形成回路，对人体造成了直接的伤害，非常危险。

当遭遇雷击或是高压线断落时，在落地点处就会有强大的电流流入大地，并以落地点为中心形成较大的电位梯度。当人体跨步行走至此地时，人体的两只脚会因踩在不同的电位梯度上而形成电位差，此电位差作用于人体的两脚上从而造成触电事故，称为跨步电压触电。跨步电压的大小与人体的迈步跨距、离落地点的距离和落地电流的大小等因素有关。

另外，当某些电气设备由于导线绝缘损坏而产生碰壳时，就会使电气设备的外壳带电，当人体触及设备外壳时也会造成触电事故，等等。

3.4.3　常用的安全措施

1. 采用安全电压

我国规定的安全电压等级有 42V，36V，24V，12V，6V 等。一般要求移动的电气设备均采用安全电压等级。

2. 采取隔离措施

在电力系统中，常采用变压器进行隔离，使低压负载与高压电源之间只有磁的联系而无直接电的联系。

3. 合理选择熔断器

熔断器是最简单的短路保护装置，它能在发生短路时迅速切断主回路，使设备与电源分开，有效地保障了电气设备和人身的安全。

选择熔断器的熔丝额定电流 I_N 时，若电路中无冲击电流负载，则取 I_N 等于负载额定电流的 1.1～1.2 倍；若电路中有冲击电流负载存在，则取 I_N 等于负载额定电流的 1.5～2.5 倍。

4. 正确安装开关是用来切断电源与负载之间的联结

当负载不工作时，要求负载的端电压为零，所以开关必须装在相线上。

5. 接零保护

在电源中点接地的三相四线制系统中，把电气设备金属外壳与系统中线联结在一起，就称接零保护，如图 3-13 所示。

设备采取接零保护后，当设备绝缘损坏而发生碰壳故障时，因为中线经中性点接地，其接地电阻小于 4Ω，故碰壳后相当于相线与零线短接，从而产生极大的短路电流迅速将端上的熔断器熔断而切断电源，消除了触电危险。

6. 接地保护

在电源中点不接地的三相三线制系统中，把电气设备的外壳通过接地装置与大地紧密联结起来，就称为接地保护，如图 3-14 所示。

<table>
<tr><td>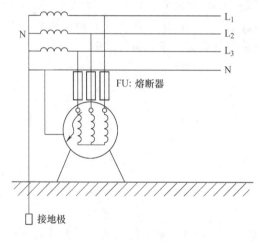</td><td>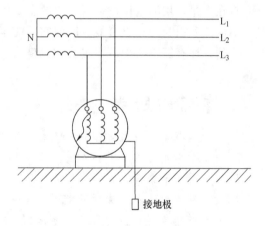</td></tr>
<tr><td>图 3-13　接零保护</td><td>图 3-14　接地保护</td></tr>
</table>

电气设备采取接地保护后，即使电气设备发生碰壳故障，人体触及设备外壳时，由于人体电阻比接地电阻大很多，根据并联反比分流的原理可知，通过人体的电流几乎为零，从而保证了人身安全。

接地保护与接零保护统称保护接地，是为了防止人身触电事故、保证电气设备正常运行所采取的一项重要技术措施。这两种保护的不同点主要表现在三个方面：

一是保护原理不同。接地保护的基本原理是限制漏电设备对地的泄露电流，使其不超过某一安全范围，一旦超过某一整定值，保护器就能自动切断电源；接零保护的原理是借助接零线路，使设备在绝缘损坏后碰壳形成单相金属性短路时利用短路电流促使线路上的保护装置迅速动作。

二是适用范围不同。根据负荷分布、负荷密度和负荷性质等相关因素，《农村低压电力技术规程》将以下两种电力网的运行系统的适用范围进行了划分。TT 系统通常适用于农村公用低压电力网，该系统属于保护接地中的接地保护方式；TN 系统（TN 系统又可分为 TN-C、TN-C-S、TN-S 三种）主要适用于城镇公用低压电力网和厂矿企业等电力客户的专用低压电力网，该系统属于保护接地中的接零保护方式。当前我国现行的低压公用配电网络，通常采用的是 TT 或 TN-C 系统，实行单相、三相混合供电方式。即三相四线制 380/220V 配电，同时向照明负载和动力负载供电。

三是线路结构不同。接地保护系统只有相线和中性线，三相动力负荷可以不需要中性线，只要确保设备良好接地就行了，系统中的中性线除电源中性点接地外，不得再有接地连接。

实践证明，采用保护接地是当前我国低压电力网中的一种行之有效的安全保护措施。由于保护接地又分为接地保护和接零保护，两种不同的保护方式使用的客观环境又不同，因此如果选择使用不当，不仅会影响客户使用的保护性能，还会影响电网的供电可靠性。那么作为公用配电网络中的电力客户，如何才能正确合理地选择和使用保护接地呢？

电力客户究竟应该采取何种保护方式，首先必须取决于其所在的供电系统采取的是何种配电系统。如果客户所在的公用配电网络是 TT 系统，客户应该统一采取接地保护；如果客户所在的公用配电网络是 TN-C 系统，则应统一采取接零保护。

现在大量使用漏电保护装置，它的主要作用就是防止由漏电流所引起的触电事故，以及由漏电流所引起的火灾事故，同时它还能排除三相电动机的断相运行故障。

另外，还有静电防护、雷电防护等措施。

练习与思考

1. 什么是触电？它是如何造成人身伤害的？

2. 常见的触电方式有哪些？

3. 什么是碰壳故障？

4. 发生碰壳时设备外壳所带电压为多少？

5. 什么是接零保护？什么是接地保护？在同一个供电系统中能同时采用这两种保护措施？为什么？

6. 请简述常用的安全用电常识。

7. 开关或熔断器为什么必须装在相线上？

习题三

一、填空题

1. 三相电源作丫接时，由各相首端向外引出的输电线俗称_____线，由各相尾端公共点向外引出的输电线俗称_____线，这种供电方式称为_____制。

2. 相线与相线之间的电压称为_____电压，相线与零线之间的电压称为_____电压。电源丫接时，数量上 $U_l =$ _____ U_p；若电源作 △ 接，则数量上 $U_l =$ _____ U_p。

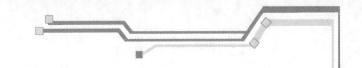

3. 相线上通过的电流称为_____电流，负载上通过的电流称为_____电流。当对称三相负载作丫接时，数量上 I_l = _____ I_p；当对称三相负载 $\triangle$ 接，I_l = _____ I_p。

4. 中线的作用是使_____丫接负载的端电压继续保持_____。

5. 对称三相电路中，三相总有功功率 P = _____，三相总无功功率 Q = _____，三相总视在功率 S = _____。

6. 对称三相电路中，由于_____ = 0，所以各相电路的计算具有独立性，各相_____也是独立的，因此，三相电路的计算就可以归结为_____来计算。

7. 若_____接的三相电源绕组有一相不慎接反，就会在发电机绕组回路中出现 $2\dot{U}_p$，这将使发电机因_____而烧损。

8. 我们把三个_____相等、_____相同，在相位上互差_____度的正弦交流电称为_____三相交流电。

二、判断下列说法的正确与错误

1. 三相电路只要作丫形联结，则线电压在数值上是相电压的 $\sqrt{3}$ 倍。　　　（　　）

2. 三相总视在功率等于总有功功率和总无功功率之和。　　　（　　）

3. 中线的作用是使三相不对称负载保持对称。　　　（　　）

4. 对称三相丫接电路中，线电压超前与其相对应的相电压30°电角。　　　（　　）

5. 三相电路的总有功功率 $P = \sqrt{3} U_l I_l \cos\varphi$。　　　（　　）

6. 三相负载作三角形联结时，线电流在数量上是相电流的 $\sqrt{3}$ 倍。　　　（　　）

三、单项选择题

1. 某三相四线制供电电路中，相电压为220V，则相线与相线之间的电压为（　　）。
　　A. 220V　　　　　　　　B. 311V　　　　　　　　C. 380V

2. 在电源对称的三相四线制电路中，若三相负载不对称，则该负载各相电压（　　）。
　　A. 不对称　　　　　　　B. 仍然对称　　　　　　C. 不一定对称

3. 三相四线制电路，已知 $\dot{I}_A = 10 \underline{/20°}\text{A}$，$\dot{I}_B = 10 \underline{/-100°}\text{A}$，$\dot{I}_C = 10 \underline{/140°}\text{A}$，则中线电流 $\dot{I}_N$ 为（　　）。
　　A. 10A　　　　　　　　B. 0A　　　　　　　　C. 30A

4. 三相对称电路是指（　　）。
　　A. 电源对称的电路　　　　B. 负载对称的电路　　　　C. 电源和负载均对称的电路

四、简答题

1. 三相电源作三角形联结时，如果有一相绕组接反，后果如何？试用相量图加以分析说明？

2. 三相四线制供电系统中，中线的作用是什么？

3. 为什么实用中三相电动机可以采用三相三线制供电，而三相照明电路必须采用三相四线制供电系统？

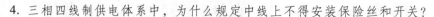

4. 三相四线制供电体系中，为什么规定中线上不得安装保险丝和开关？

5. 如何计算三相对称电路的功率？有功功率计算式中的 $\cos\varphi$ 表示什么意思？

五、计算分析题

1. 三相对称负载，每相阻抗为 $6+j8\Omega$，接于线电压为 $380V$ 的三相电源上，试分别计算出三相负载丫接和△接时电路的总功率各为多少瓦？

2. 已知对称三相电源 A、B 相线间的电压解析式为 $u_{AB}=380\sqrt{2}\sin(314t+30°)\text{V}$，试写出其余各线电压和相电压的解析式。

3. 已知对称三相负载各相复阻抗均为 $8+j6\Omega$，丫接于工频 $380V$ 的三相电源上，若 u_{AB} 的初相为 $60°$，求各相电流。

4. 某超高压输电线路中，线电压为 $2.2\times10^5\text{V}$，输送功率为 $2.4\times10^5\text{kW}$。若输电线路的每相电阻为 10Ω，①试计算负载功率因数为 0.9 时线路上的电压降及输电线上一年的电能损耗。②若负载功率因数降为 0.6，则线路上的电压降及一年的电能损耗又为多少？

5. 一台三相异步电动机的功率因数为 0.86，效率 $\eta=0.88$，额定电压为 $380V$，输出功率为 2.2kW，求电动机向电源取用的电流为多少？

计 划 表

学习领域	电　路		学习小组、人数	第　组、人
学习情境	三相电路的应用		专业、班级	
设计方式	小组讨论、共同制订实施计划			
模块编号 任务序号	计 划 步 骤		使 用 资 源	
计划说明				
计划评语				
	教师签字		组长签字	日期

实　施　表

学习领域	电　路		学习小组、人数	第　组、　人
学习情境	三相电路的应用		专业、班级	
实施方式	团结协作、共同实施			
模块编号 任务序号	实 施 步 骤		使 用 资 源	
实施说明				
实施评语				
	教师签字		组长签字	日期

检 查 表

学习领域		电　路		学习小组、人数	第　组、　人
学习情境		三相电路的应用		专业、班级	
序号	检查项目	检查标准			存在问题
1	P3-T1	能准确说出三相交流电的产生			
2	P3-T1	能准确说出三相电源的联结方式			
3	P3-T1	会用相量法表示和计算三相正弦交流电路			
4	P3-T2	能准确说出三相负载的联结方式			
5	P3-T2	能说出三相异步电动机的工作原理			
6	P3-T3	会分析和计算三相对称电路			
7	P3-T3	能说出三相交流电路的功率表示			
8	P3-T4	了解安全用电常识			
检查评价					
	教师签字		组长签字		日期

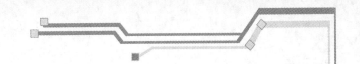

评 价 表

学习领域	电 路			学习小组、人数		第 组、 人		
学习情境	三相电路的应用			专业、班级				

评价类别	评价内容	评价项目	配 分	P3-（T1~T4）		
				自评	互评	教师评价
专业能力	资讯	搜集信息	5			
		引导问题回答				
	计划	计划可执行度	5			
		教材工具安排				
	实施	三相电源的应用	50			
		三相负载的连接				
		三相电路的计算				
		安全用电常识				
	检查	全面性	5			
		正确性				
社会能力	团结协作	团队精神	10			
		在小组的贡献				
	敬业精神	学习纪律	10			
		爱岗敬业、吃苦耐劳精神				
方法能力	计划能力	计划的正确性	10			
		计划效果				
	决策能力	决策的正确性	5			
		决策效果				
合 计			100			

评价评语	

教师签字		组长签字		日期	

反 馈 表

学习领域	电 路	学习小组、人数	第 组、 人
学习情境	三相电路的应用	专业、班级	

序号	调 查 内 容	是	否	理 由 陈 述
1	你觉得工学结合、校企合作对你学习有提高吗			
2	你学会三相电源的连接方式了吗			
3	你学会三相负载的连接方式了吗			
4	你会对三相电路进行分析和计算了吗			
5	你是否掌握了三相电路的各种功率			
6	你是否了解了安全用电的常识			
7	通过本情境的学习，你能够分析一个一般三相电路吗			
8	通过本情境的学习，你觉得你的动手能力提高了吗			
9	通过学习，你愿意在业余时间主动去看这方面的参考书吗			
10	通过学习，你是否对电路基础应用课程产生了浓厚的兴趣			
11	通过四个情境的学习，你对自己的表现是否满意			
12	本情境学习后，你还有哪些问题不明白，哪些问题需要解决			
13	你是否满意小组成员之间的合作			
14	你认为本情境还应学习哪些方面的内容			

你的意见对改进教学非常重要，请写出你的建议和意见

学生签名		调查时间	

模块四

互感耦合电路的应用

　　广泛应用的电动机、继电器、接触器以及电磁铁、变压器等电器内部都有铁心和线圈，线圈通电的问题属于电路的内容，而产生磁场的现象局限在一定范围内（即铁心构成磁路），又是磁路的问题。本模块主要介绍磁路的基本知识、铁心线圈、互感及互感电压、变压器等；同时学习互感耦合电路在电动机、继电器、接触器以及电磁铁、变压器等设备中的应用。

□ 任务一　磁路的基本知识
□ 任务二　铁心线圈
□ 任务三　互感
□ 任务四　变压器

任务一　磁路的基本知识

　　根据电磁场理论，磁场可以由电流产生，它与电流在空间的分布和周围空间磁介质的性质密切相关。在工程上，常把载流导体制成的线圈绕在由磁性材料制成的铁心上。铁心中的磁场比周围空气中的磁场强得多，磁场的磁感线大多汇聚于铁心中，工程上称其为磁路。本任务主要通过磁场的基本物理量的学习，使学生认识磁路，从而为后续的学习打好基础。

 ## 学习目标

> **▶ 知识目标**
> 1. 认识磁路现象；
> 2. 了解磁场的基本物理量的概念及意义；
> 3. 理解磁路的欧姆定律。
>
> **▶ 能力目标**
> 1. 能够应用磁场的基本物理量对磁路进行简单分析；
> 2. 掌握磁路在现实生活中的应用。
>
> **▶ 素质目标**
> 　　培养学生运用逻辑思维分析问题和解决问题的能力，培养学生较强的团队合作意识及人际沟通能力，培养学生良好的职业道德和敬业精神，培养学生良好的心理素质和克服困难的能力，培养学生具有较强的口头与书面表达能力。

学习任务书

学习领域	电　路		学习小组、人数	第　组、　人
学习情境	磁路的基本知识		专业、班级	
任务内容	T1-1	磁路的认识		
	T1-2	磁场的基本物理量		
	T1-3	磁路欧姆定律的认识		
学习目标	1. 了解磁场的基本物理量 2. 能够应用磁场的基本物理量对磁路进行简单分析 3. 掌握磁路在现实生活中的应用			
任务描述	先给学生介绍几种常见的磁路现象，让学生在感性上对其有个概括的认识。然后通过具体的磁路模型，让学生理解磁场中的基本物理量。同时，根据对此电路的简单分析，让学生理解磁路的欧姆定律。并且，通过实际例子，让学生掌握磁路在现实生活中的应用			
对学生的要求	1. 学生必须理解磁场的基本物理量 2. 学生必须认识磁路			

学习领域	电　路	学习小组、人数	第　组、　人
学习情境	磁路的基本知识	专业、班级	
对学生的要求	3. 学生必须理解磁路的欧姆定律 4. 学生必须理解电路的各个物理量及其之间的联系 5. 学生必须掌握磁路在现实生活中的应用 6. 学生必须具有团队合作的精神，以小组的形式完成学习任务 7. 严格遵守课堂纪律，不迟到、不早退、不旷课 8. 学生应树立职业道德意识，并按照企业的质量管理体系标准去学习和工作 9. 完成本情境的工作任务后，需提交计划表、实施表、检查表、评价表和反馈表		

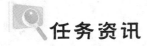

任务资讯

4.1.1　电路的认识

1. 磁感应强度

磁感应强度是根据磁场力的性质描述磁场中某点的磁场强度和方向的物理量，它是矢量。在磁场的某一点放一小段长度为 Δl、电流为 I、并与磁场方向垂直的通电导体，若导体所受磁场力的大小为 ΔF，则该点磁感应强度大小为 $B = \dfrac{\Delta F}{I \Delta l}$，电流 I 及通电导体在磁场中所受的力 ΔF、磁感应强度 B 三者的方向可由左手定则来确定。该点磁感应强度的方向就是放置在这点的小磁针 N 极所指的方向，它与该点磁场的方向一致。

单位为特（斯拉）（T）。工程上还用高斯（Gs），换算关系为 $1\text{Gs} = 10^{-4}\text{T}$。

均匀磁场：如果在磁场中的某一区域内，各点的磁感应强度大小相等、方向相同，则该区域内的磁场称为均匀磁场，用磁感应线（或称磁力线）可以形象地描述磁场情况。磁感应强度大的地方，磁感应线密，反之则疏。磁感应线上各点的切线方向就是该点磁场的方向。因为磁场中的每一点只有一个磁感应强度，所以磁感应线是互不相交的。

2. 磁导率

磁导率也叫导磁系数，是表示物质导磁性的物理量，用 μ 表示，单位为 H/m（亨/米）。

不同的介质有不同的磁导率，磁导率大的介质导磁性能好，反之则差。实验测得真空的磁导率为 $\mu_0 = 4\pi \times 10^{-7}\text{H/m}$，为了便于比较，工程上把某种介质的磁导率 μ 与真空磁导率 μ_0 的比值称为这种介质的相对磁导率，用 μ_r 表示，即

$$\mu_r = \frac{\mu}{\mu_0}$$

显然，相对磁导率 μ_r 没有单位。物质按其导磁性能大体上可分为非磁性材料和磁性材料。非磁性材料的导磁性能较差，它的相对磁导率 $\mu_r \approx 1$，如空气、蜡纸、木材、陶瓷、橡胶等。而磁性材料有很强的导磁性能，磁性材料 $\mu_r > 1$，它们的相对磁导率可达几百甚至几万以上，但不是常数。例如，铸铁的 μ_r 在 200～400 之间，硅钢片的 μ_r 在 6000～8000 之间，坡莫合金的 μ_r 则可达 10^5 左右。磁性材料主要有铁、钴、镍及其合金，这类材料以

铁为主，称为铁磁物质。除了磁性材料外的所有物质都可以看作是非磁性材料，称为非铁磁物质。

4.1.2 磁路

实际电路中有大量电感元件的线圈中有铁心。线圈通电后铁心就构成磁路，磁路又影响电路。因此电路基础不仅有电路问题，同时也有磁路问题。如图4-1a、c所示为有分支磁路，图4-1b所示为无分支磁路。

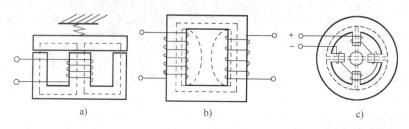

图 4-1　几种磁路

a) 电磁铁的磁路　b) 变压器的磁路　c) 直流电动机的磁路

4.1.3 磁路的欧姆定律

由于磁通的连续性，分析磁路时可将磁路中的磁通与电路中的电流对应，将磁路中的磁压与电路中的电压对应。这样就可得到磁路的另一条定律：磁路的欧姆定律。

对于一段长为 l 的磁路，若各点磁感应强度 B 大小相等，方向与 l 一致，则磁压为

$$U_{\mathrm{m}} = \frac{B}{\mu}\, l = \frac{\Phi}{\mu S}\, l$$

$$\Phi = \frac{U_{\mathrm{m}}}{l\,/\mu S} = \frac{U_{\mathrm{m}}}{R_{\mathrm{m}}}$$

上式为磁路的欧姆定律。式中，$R_{\mathrm{m}} = l/\mu S$ 称为磁阻，它只与磁路的尺寸及铁磁物质的磁导率有关。磁阻的单位是 1/H。

需要指出，磁路和电路的比拟仅是一种形式上的类似、而不是物理本质的相似。另外由于 μ 的非线性，使磁阻的计算变得困难，所以磁路的欧姆定律常用于磁路的定性分析。

 练习与思考

1. 什么是铁磁性材料？它有哪些磁性能？

2. 软磁材料和硬磁材料有什么不同？

3. 变压器和电机的铁心为什么不用硬磁材料制作？

4. 在制作电机和变压器的铁心时，为什么要尽量减小空气隙？

5. 什么是磁路？

6. 什么是磁导率？它的物理含义是什么？

7. 什么是磁路的欧姆定律？

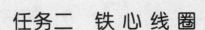

任务二 铁心线圈

在铁心线圈中通以交变电流时，其中便有交变磁通。对于一个铁心线圈，为了方便分析，我们常用正弦电流近似代替非正弦电流，然后就可以利用正弦交流电路的计算方法来进行分析计算了。本任务通过对铁心线圈的学习，使学生掌握铁心线圈的基本分析方法，并熟悉铁心线圈的最常用应用——电磁继电器。

 ## 学习目标

> **➥ 知识目标**
> 1. 了解铁心线圈的磁通与电压、电流的关系；
> 2. 了解铁心线圈的损耗；
> 3. 掌握铁心线圈的等效电路；
> 4. 掌握铁心线圈的实际应用。
>
> **➥ 能力目标**
> 1. 能够对铁心线圈进行简单的分析；
> 2. 掌握铁心线圈在现实生活中的应用。

学习任务书

学习领域		电 路	学习小组、人数	第　组、　人
学习情境		铁心线圈	专业、班级	
任务内容	T2-1	铁心线圈的基本概念及特性		
	T2-2	铁心线圈的等效电路		
	T2-3	铁心线圈的实际应用		
学习目标		1. 了解铁心线圈的磁通与电压、电流的关系 2. 了解铁心线圈的损耗 3. 掌握铁心线圈的等效电路 4. 掌握铁心线圈的实际应用		
任务描述		给学生一个具体的铁心线圈模型，让学生通过对其的观察，理解铁心线圈的基本概念及特性。同时，根据对此电路的简单分析，让学生理解铁心线圈的等效电路。并且，通过实际例子——电磁继电器，让学生掌握磁路在现实生活中的应用		
对学生的要求		1. 学生必须了解铁心线圈的磁通与电压、电流的关系 2. 学生必须了解铁心线圈的损耗 3. 学生必须掌握铁心线圈的等效电路 4. 学生必须具有团队合作的精神，以小组的形式完成学习任务		

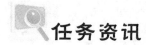

任务资讯

4.2.1 交流铁心线圈的磁通与电压的关系

交流铁心线圈的电压与磁通的关系如图 4-2 所示，线圈两端加一交流电压，则线圈中的电流将产生磁通 Φ。

设铁心中的主磁通按正弦规律变化（漏磁通和线圈电阻忽略不记），即

$$\Phi = \Phi_\mathrm{m} \sin\omega t$$

则铁心线圈两端的自感电压

$$u = N\frac{\mathrm{d}\Phi}{\mathrm{d}t} = \omega N\Phi_\mathrm{m}\sin(\omega t + 90°) = U_\mathrm{m}\sin(\omega t + 90°)$$

式中

$$U_\mathrm{m} = \omega N\Phi_\mathrm{m} = 2\pi f N\Phi_\mathrm{m}$$

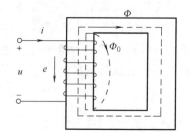

图 4-2 交流铁心线圈的
电压与磁通的关系

所以线圈外加电压有效值为

$$U = \frac{2\pi f N\Phi_\mathrm{m}}{\sqrt{2}} = 4.44 f N\Phi_\mathrm{m}$$

由此可知当交流铁心线圈的端电压按正弦规律变化时，铁心中的磁通也按正弦规律变化。在相位上端电压超前 90°。当电源频率 f 和线圈匝数 N 一定时，交流铁心线圈的磁通的最大值 Φ_m 与线圈外加电压有效值 U 成正比，与铁心的材料和尺寸无关。

4.2.2 交流铁心线圈的损耗

交流铁心线圈在交变磁通的作用下，在铁心中有能量损失的现象，简称铁损。铁心损耗主要是涡流和磁滞引起的，分别称为涡流损耗和磁滞损耗。铁心损耗等于涡流损耗和磁滞损耗之和，这些损耗都会使铁心发热。

涡流是由电磁感应产生的，铁心中的交变磁通在铁心中感应出电压，并通过铁心形成感应电流（涡流），消耗能量。实验证明，涡流损耗可按 $P_\mathrm{e} = K_\mathrm{e}f^2B_\mathrm{m}^2V$ 计算。式中，P_e 表示涡流损耗；K_e 表示与材料的电阻率及几何尺寸有关的系数；f 表示电源频率；B_m 表示磁感应强度的最大值；V 表示铁心线圈的体积。

磁滞损耗是指铁磁物质在交变磁场中反复磁化，磁畴反复磁化、相互摩擦使铁心发热而损耗掉的能量。实验证明磁滞损耗可按 $P_\mathrm{h} = K_\mathrm{h}fB_\mathrm{m}^nV$ 式中，P_h 表示涡流损耗；K_h 表示与材料有关的系数；f 表示电源频率；B_m 表示磁感应强度的最大值；n 的值由 B_m 的范围决定，当 $0.1\mathrm{T} < B_\mathrm{m} < 1\mathrm{T}$ 时，$n = 1.6$，当 $B_\mathrm{m} > 1\mathrm{T}$ 时，$n = 2$；V 表示铁心线圈的体积。

铁心损耗用 P_Fe 表示，铁心损耗等于涡流损耗和磁滞损耗之和，即 $P_\mathrm{Fe} = P_\mathrm{e} + P_\mathrm{h}$，但在实际工程计算时常把涡流损耗和磁滞损耗放在一起考虑，即 $P_\mathrm{Fe} = P_\mathrm{Fe0}G$。式中，$G$ 是铁心的质量，P_Fe0 称为比铁损，可由手册查出。

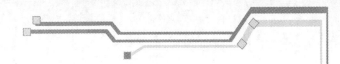

4.2.3　交流铁心线圈的等效电路

对于一个铁心线圈，为了便于分析，用正弦电流近似代替非正弦电流，然后就可以利用正弦交流电路的计算方法来进行分析计算了。

如果不计铁心线圈的内阻和漏磁通，可得铁心线圈的等效电路，如图4-3a所示，其中铁损电流 I_{Fe} 用一个电阻中通过的电流等效，磁化电流 I_μ 用一个电感中通过的电流等效。这里的 G_0、B_{L0} 不是常数，都是非线性的。所以电流

$$\dot{I} = \dot{I}_{Fe} + \dot{I}_\mu = \dot{U}(G_0 - jB_{L0}) = \dot{U}Y_0$$

有时为了方便计算，也等效成图4-3b，上式可变形成

$$\dot{I} = \frac{\dot{U}}{R_0 + j\omega L_0} = \frac{\dot{U}}{Z}$$

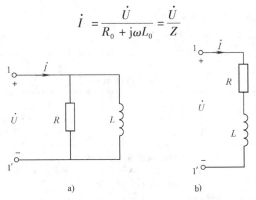

图4-3　交流铁心线圈的等效电路

练习与思考

1. 直流电磁铁的铁心是否需用相互绝缘的钢片叠成？为什么？
2. 分别举例说明剩磁和涡流的有利一面和有害一面。
3. 请画出交流铁心线圈的等效电路。
4. 请举出实际生产生活中应用交流铁心线圈的实例。
5. 请简述交流铁心线圈中磁通与电压、电流的关系。
6. 交流铁心线圈中的损耗分几种？
7. 请简述电磁铁的工作原理与应用。
8. 请简述电磁继电器的工作原理与应用。

任务三　互　　感

由法拉第电磁感应定律可知，只要线圈所交链的磁通发生变化，均要在线圈中产生感应电动势，不管所交链的磁通是否由本线圈的电流产生。载流线圈之间通过彼此的磁场相互联系的现象称为磁耦合。耦合电感在工程中有着广泛的应用。本情境通过对互感的学习，使学生掌握互感电路的基本分析方法，并熟悉互感电路的实际应用。

学习目标

> **知识目标**
>
> 1. 认识互感现象;
> 2. 理解互感的几个参数;
> 3. 掌握互感电压与电流的关系;
> 4. 掌握互感电路的实际应用。
>
> **能力目标**
>
> 1. 能够对互感电路进行简单的分析;
> 2. 掌握互感电路在现实生活中的应用。

学习任务书

学习领域	电 路		学习小组、人数	第 组、 人
学习情境	互 感		专业、班级	
任务内容	T3-1	互感的基本概念及参数		
	T3-2	互感电压与电流的关系		
	T3-3	互感电路的实际应用		
学习目标	1. 认识互感现象 2. 理解互感的几个参数 3. 掌握互感电压与电流的关系 4. 掌握互感电路的实际应用			
任务描述	先给学生介绍几种常见的互感现象,让学生在感性上对其有个概括的认识。然后,给出具体的互感电路,让学生理解互感的基本概念及参数。同时,根据对此电路的简单分析,让学生理解互感电压与电流的关系。并且,通过实际例子让学生掌握磁路在现实生活中的应用			
对学生的要求	1. 学生必须认识互感现象 2. 学生必须了解互感的基本概念及参数 3. 学生必须掌握互感电压与电流的关系 4. 学生必须掌握互感电路在现实生活中的应用 5. 学生必须具有团队合作的精神,以小组的形式完成学习任务			

任务资讯

4.3.1 互感现象

在本书模块二中已经介绍了线圈中有电流时,会产生磁通,使其自身具有磁链。线圈的电流变化时,使线圈的磁链也变化,在其自身产生感应电压,这种线圈电流变化在自身产生感应电压的现象叫自感现象。下面介绍互感现象。

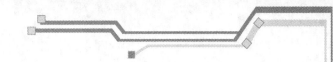

如图4-4所示为相互邻近的两个线圈①和②，匝数分别为 N_1、N_2，设通过线圈①的电流为 i_1，它所产生的磁通 Φ_{11} 不但与本线圈相交链产生自感磁链 Ψ_{11}，而且其中一部分穿过线圈②，用 Φ_{21} 表示，称为互感磁通。如果 Φ_{21} 与线圈②的每一匝都交链，则互感磁链为 $\Psi_{21} = N_2\Phi_{21}$。磁链的意思是磁通线与线圈的每一匝相互环链起来所形成的环链数，用符号 Ψ 表示，单位为 Wb。

同理，Φ_{22} 与线圈①交链形成互感磁链为 $\Psi_{12} = N_1\Phi_{12}$。

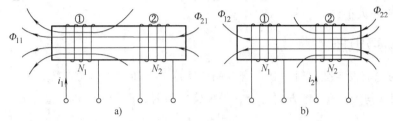

图4-4　具有互感的线圈

4.3.2　互感系数 M

如果线圈周围没有铁磁性物质，则互感磁链与产生它的电流成正比，在关联参考方向下（如果磁通或磁链与电流的参考方向符合右手螺旋关系，则称二者的参考方向关联），其比例系数分别用 M_{12}、M_{21} 表示，则有

$$M_{12} = \frac{\Psi_{12}}{i_2}$$

$$M_{21} = \frac{\Psi_{21}}{i_1}$$

M_{12}、M_{21} 称为线圈①与②之间的互感系数，是与线圈中电流和时间无关的常量。

根据磁场理论可以证明 $M_{12} = M_{21}$，所以不用区分 M_{12}、M_{21}，统一用 M 表示，即 $M = \frac{\Psi_{12}}{i_2} = \frac{\Psi_{21}}{i_1}$ 称为互感。

互感与自感总为正值，且单位相同，为亨（H）。

互感的量值反映了一个线圈在另一个线圈中产生磁链的能力。若互感线圈为空心线圈，则互感系数 M 的大小仅取决于两线圈的形状、尺寸、匝数和相对位置。

磁介质的磁导率为常数时，互感为常数。铁心线圈的互感不是常数，因此只讨论 M 为常数的情况。

4.3.3　耦合系数 k

互感线圈是通过磁场彼此影响的，这种影响称为磁耦合。耦合的紧密程度用耦合系数来衡量。一般情况下，两个耦合线圈中的电流所产生的自感磁通，都分别只有一部分与另一个线圈相交链；还有一部分不与另一线圈相交链，叫做漏磁通，简称漏磁。因此可以用互感磁通和自感磁通的比来衡量耦合程度。耦合磁通是相对的，因此耦合系数定义为

$$k = \frac{M}{\sqrt{L_1 L_2}}$$

由于互感磁通是自感磁通的一部分，所以 $0 \leqslant k \leqslant 1$。若 $k=0$，说明两线圈无耦合；而 $k=1$，则为理想情况，称为全耦合。耦合系数反映磁通相互耦合的紧密程度，k 值越接近于 1 表示漏磁通越少，即两个线圈之间耦合越紧密。耦合系数 k 的大小与两个线圈的相对位置有关。如果两个线圈靠得很近且相互平行或紧密绕在一起，则 k 值近乎于 1。反之，如果它们相隔很远或者它们的轴线相互垂直，则 k 值就很小，甚至可能接近于零。由此可见，通过调整两线圈的相对位置，可以改变耦合系数的大小，当 L_1、L_2 一定时，也就相应地改变了 M 的大小。

4.3.4 互感电压

当线圈的电流发生变化时，在自身线圈中感应的电压称为自感电压，取 u_L 和 i 为关联参考方向，且 i 与 Ψ_L 的参考方向符合右手螺旋关系时，两线圈中的自感电压表达式为

$$u_{L1} = \frac{\mathrm{d}\Psi_{11}}{\mathrm{d}t} = L_1 \frac{\mathrm{d}i_1}{\mathrm{d}t}$$

$$u_{L2} = \frac{\mathrm{d}\Psi_{22}}{\mathrm{d}t} = L_2 \frac{\mathrm{d}i_2}{\mathrm{d}t}$$

在有互感的情况下，如图 4-4 所示，当线圈①的电流 i_1 变化时，由 i_1 在线圈②中建立的互感磁链 Ψ_{21} 随之而变，从而在线圈②中感应出互感电压 u_{21}。

如果选择 u_{21} 与 Ψ_{21} 的参考方向符合右手螺旋关系，由电磁感应定律可知

$$u_{21} = \frac{\mathrm{d}\Psi_{21}}{\mathrm{d}t} = \frac{\mathrm{d}(Mi_1)}{\mathrm{d}t} = M \frac{\mathrm{d}i_1}{\mathrm{d}t}$$

同理，$u_{12} = \dfrac{\mathrm{d}\Psi_{12}}{\mathrm{d}t} = \dfrac{\mathrm{d}(Mi_2)}{\mathrm{d}t} = M \dfrac{\mathrm{d}i_2}{\mathrm{d}t}$

4.3.5 互感应用举例

互感器是按比例变换电压或电流的设备。互感器的功能是将高电压或大电流按比例变换成标准低电压（额定值为 100V）或标准小电流（额定值为 5A 或 10A），以便实现测量仪表、保护设备及自动控制设备的标准化、小型化。互感器还可用来隔开高电压系统，以保证人身和设备的安全。

在供电用电的线路中电流大小相差悬殊，从几安到几万安都有。为便于二次仪表测量，需要转换为比较统一的电流，另外线路上的电压都比较高，如果直接测量是非常危险的，电流互感器就起到变流和电气隔离的作用。

早期的显示仪表大部分是指针式的电流电压表，所以电流互感器的二次电流大多数是安培级的（如 5A 等）。现在的电量测量大多采用数字化测量，而计算机的采样信号一般为毫安级（0~5V、4~20mA 等）的，因此微型电流互感器的二次电流为毫安级的，主要起大互感器与采样信号之间的桥梁作用。

微型电流互感器称之为"仪用电流互感器"（"仪用电流互感器"有一层含义是在实验室使用的多电流比精密电流互感器，一般用于扩大仪表量程）。

微型电流互感器与变压器类似，也是根据电磁感应原理工作，变压器变换的是电压，而微型电流互感器变换的是电流。如图 4-5 所示，绕组 N_1 接被测电流，称为一次绕组；

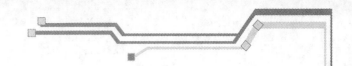

绕组 N_2 接测量仪表，称为二次绕组。

微型电流互感器一次绕组电流 I_1 与二次绕组电流 I_2 的电流比叫电流互感器的实际电流比，用 K 表示。微型电流互感器在额定工作电流下工作时的电流比叫电流互感器的额定电流比，用 K_n 表示，其表达式为

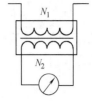

图 4-5　电流互感器原理线路图

$$K_n = \frac{I_{1n}}{I_{2n}}$$

微型电流互感器大致可分为两类，即测量用电流互感器和保护用电流互感器。测量用电流互感器主要与测量仪表配合，在线路正常工作状态下，用来测量电流、电压、功率等。

练习与思考

1．什么是自感现象？什么是互感现象？
2．去耦等效电路与电路中所设电流的方向是否相关？
3．无互感的两线圈串联时，若各线圈的自感分别为 L_1 与 L_2，其等效电感是多少？
4．互感系数与什么量有关？
5．请说出耦合系数 k 的含义。
6．请举出生活中互感现象应用的实例。

任务四　变　压　器

变压器是利用互感线圈间的磁耦合来实现能量（或信号）从一个电路向另一个电路传递的电气设备。它是一种通过改变电压而传输交流电能的静止感应器件。在电力系统的输、配电方面，所需数量多，应用十分广泛。除此之外，变压器还被广泛用于电工测量、电焊、电子技术等领域。本任务通过对变压器的学习，使学生掌握变压器的基本分析方法，并熟悉变压器的实际应用。

学习目标

↘ 知识目标
1．了解变压器的用途、分类；
2．掌握变压器的结构及工作原理；
3．掌握变压器的实际应用。

↘ 能力目标
1．能够对变压器电路进行简单的分析；
2．掌握变压器在现实生活中的应用。

模块四　互感耦合电路的应用

学习领域		电　　路	学习小组、人数	第　组、　人
学习情境		变压器	专业、班级	
任务内容	T4-1	变压器的用途、分类		
	T4-2	变压器的结构、特性参数及工作原理		
	T4-3	变压器的实际应用		
学习目标	1. 了解变压器的用途、分类 2. 掌握变压器的结构及工作原理 3. 掌握变压器的实际应用			
任务描述	给学生一个具体的变压器模型，让学生通过对其观察，理解变压器的结构及外部特性。同时，根据对此变压器电路模型的简单分析，让学生理解变压器的特性及工作原理。并且，通过实际例子让学生掌握变压器在现实生活中的应用			
对学生的要求	1. 学生必须了解变压器的用途、分类 2. 学生必须掌握变压器的结构及工作原理 3. 学生必须掌握变压器在现实生活中的应用 4. 学生必须具有团队合作的精神，以小组的形式完成学习任务			

任务资讯

4.4.1　变压器概述

1. 用途

变压器是利用互感线圈间的磁耦合来实现能量（或信号）从一个电路向另一个电路传递的电气设备。它是一种通过改变电压而传输交流电能的静止感应器件。在电力系统的输、配电方面，所需数量多，应用十分广泛。除此之外，变压器还被广泛用于电工测量、电焊、电子技术等领域。

2. 分类

（1）按用途分类

1）电力变压器：电力变压器用作电能的输送与分配，是生产数量最多、使用最广泛的变压器。

按其功能不同又可分为升压变压器、降压变压器、配电变压器等。电力变压器的容量从几十千伏安到几十万千伏安，电压等级从几百伏到几百千伏。

2）特种变压器：在特种场合使用的变压器，如作为大功率电炉使用的电炉变压器等。

3）仪用变压器：仪用变压器用于电工测量中，如电流互感器等。

4）控制变压器：控制变压器容量一般比较小，用于小功率电源系统的自动控制系统，如电源变压器等。

5）其他变压器：如试验用的高压变压器、输出电压可调的调压变压器等。

（2）按绕组构成分类

有双绕组变压器、三绕组变压器、多绕组变压器。

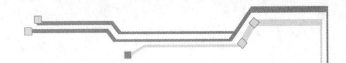

（3）按相数分类

有单相变压器、三相变压器、多相变压器。

（4）按冷却方式分类

有干式变压器、液（油）浸式变压器、充气式变压器。

4.4.2 变压器的结构、特性参数和工作原理

1. 变压器的结构

变压器是变换交流电压、电流和阻抗的器件，当一次绕组中通有交流电流时，铁心（或磁心）中便产生交流磁通，使二次绕组中感应出电压（或电流）。

变压器由铁心（或磁心）和绕组组成，变压器有两个或两个以上的绕组，其中接电源的绕组叫一次绕组，其余的绕组叫二次绕组。变压器的结构如图 4-6 所示。

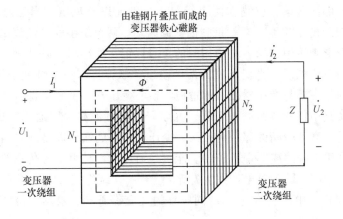

图 4-6　变压器的组成原理图

2. 电源变压器的特性参数

（1）工作频率

变压器铁心损耗与频率关系很大，故应根据使用频率来设计和使用，这种频率称工作频率。

（2）额定功率

额定功率指在规定的频率和电压下，变压器能长期工作，而不超过规定温升的输出功率。

（3）额定电压

额定电压指在变压器的绕组上所允许施加的电压，工作时不得大于规定值。

（4）电压比

电压比指变压器一次电压和二次电压的比值，有空载电压比和负载电压比的区别。

（5）空载电流

变压器二次侧开路时，一次侧仍有一定的电流，这部分电流称为空载电流。空载电流由磁化电流（产生磁通）和铁损电流（由铁心损耗引起）组成。对于 50Hz 电源变压器而

言，空载电流基本上等于磁化电流。

（6）空载损耗

空载损耗指变压器二次侧开路时，在一次侧测得的功率损耗。主要损耗是铁心损耗，其次是空载电流在一次绕组铜阻上产生的损耗（铜损），这部分损耗很小。

（7）效率

效率指二次功率 P_2 与一次功率 P_1 比值的百分比。通常变压器的额定功率愈大，效率就愈高。

（8）绝缘电阻

表示变压器各线圈之间、各线圈与铁心之间的绝缘性能。绝缘电阻的高低与所使用的绝缘材料的性能、温度高低和潮湿程度有关。

3. 变压器的工作原理

所谓变压器的同名端，就是在两个绕组中分别通以直流电，当磁通方向叠加（同方向）时，两个绕组的电流流入端就是它们的同名端，两个绕组的电流流出端是它们的另一组同名端。在图形表示中，同名端用相同的符号标记，如小圆点或"＊"号等。变压器同名端的简单判断方法如下：将变压器的两个绕组并联，再与一个灯泡串接在交流电源上。这个交流电源的频率要与变压器磁心相适应，铁心变压器用工频电源，开关变压器用开关电源供电。调换其中任一绕组的两个头，并联好后与灯泡相串联通电。比较两种接法时，会发现亮度不同，亮度较暗的那一种接法，变压器相并的端子即是同名端。

变压器是利用电磁感应原理工作的。能量是通过磁耦合由电源传递给负载的。两线圈变压器的结构示意图及图形符号如图 4-7 所示。当一次绕组接交流电压 u_1 后，绕组中便有电流 i_1 通过，在铁心中产生与电压 u_1 同频率的交变磁通 Φ，根据电磁感应定律，将分别在两个绕组中感应出电动势

$$e_1 = -N_1 \frac{\mathrm{d}\Phi}{\mathrm{d}t}$$

$$e_2 = -N_2 \frac{\mathrm{d}\Phi}{\mathrm{d}t}$$

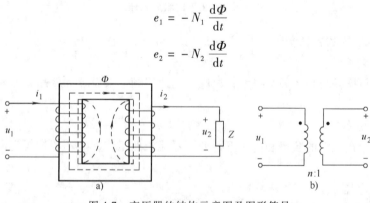

图 4-7　变压器的结构示意图及图形符号

a）变压器结构示意图　b）变压器的符号

若把负载接在二次绕组上，则在电动势 e_2 的作用下，有电流 i_2 流过负载，实现了电能的传递。

由上述两式可知，一、二次绕组感应电动势的大小与绕组匝数成正比，故只要改变一、二次绕组的匝数，就可达到改变电压的目的，这就是变压器的基本原理。

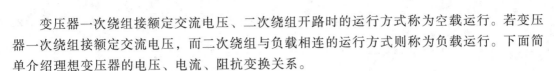

变压器一次绕组接额定交流电压、二次绕组开路时的运行方式称为空载运行。若变压器一次绕组接额定交流电压，而二次绕组与负载相连的运行方式则称为负载运行。下面简单介绍理想变压器的电压、电流、阻抗变换关系。

（1）理想变压器的电压变换关系

理想变压器（无损耗；无漏磁；铁心所用材料的磁导率 $\mu \to \infty$，铁心磁路的磁阻 $R_m \to 0$）是实际变压器的理想化模型。理想变压器的电路符号如图 4-7b 所示。

选择如图 4-7b 所示的关联参考方向，则一次绕组的电压为 $u_1 = N_1 \dfrac{\mathrm{d}\Phi}{\mathrm{d}t}$

二次绕组的电压为
$$u_2 = N_2 \frac{\mathrm{d}\Phi}{\mathrm{d}t}$$

由以上两式可得
$$\frac{u_1}{u_2} = \frac{N_1}{N_2} = n$$

式中，$\dfrac{N_1}{N_2} = n$ 称为变压器的电压比或变换系数。

当一次绕组接正弦电压时，则 $\dfrac{\dot{U}_1}{\dot{U}_2} = \dfrac{N_1}{N_2} = n$

其有效值的关系为 $\dfrac{U_1}{U_2} = \dfrac{N_1}{N_2} = n$

可见，理想变压器的一、二次绕组的电压与一、二次绕组的匝数成正比，即变压器具有变换电压的作用。上述两式为理想变压器的电压变换关系。

（2）理想变压器的电流变换关系

当二次绕组接有负载时，若选电流参考方向如图 4-7a 所示，即一次绕组电流与电压对变压器关联，二次绕组电流与电压对负载关联，则有
$$N_1 i_1 - N_2 i_2 = 0$$

即有 $\dfrac{i_1}{i_2} = \dfrac{N_2}{N_1} = \dfrac{1}{n}$

当一次绕组接正弦电压时，则 $\dfrac{\dot{I}_1}{\dot{I}_2} = \dfrac{N_2}{N_1} = \dfrac{1}{n}$

其有效值的关系为 $\dfrac{I_1}{I_2} = \dfrac{N_2}{N_1} = \dfrac{1}{n}$

可见，理想变压器的一、二次绕组的电流与一、二次绕组的匝数成反比，即变压器也有变换电流的作用。上述两式为理想变压器的电流变换关系。

（3）理想变压器的阻抗变换关系

从一次绕组两端看理想变压器，其输入阻抗为
$$Z_1 = \frac{\dot{U}_1}{\dot{I}_1} = \frac{n\dot{U}_2}{\dfrac{\dot{I}_2}{n}} = n^2 Z_L$$

上式说明，二次侧接有负载阻抗 Z_L 的理想变压器，对电源来说，可等效为一个 $n^2 Z_L$ 的输入阻抗，由上式得 $\dfrac{Z_i}{Z_L} = \dfrac{N_1^2}{N_2^2} = n^2$

即理想变压器的一、二次绕组的阻抗与一、二次绕组的匝数的平方成正比。上述两式为理想变压器的阻抗变换关系。

【例题 4-1】 一台 $S_N = 10\text{kVA}$、$U_{1N}/U_{2N} = 3300/220\text{V}$ 的单相照明变压器，现在要在二次侧接 60W、220V 的白炽灯，如要求变压器在额定状态下运行，可接多少盏灯？一次、二次额定电流是多少？

解：$10000/60 = 166$ 盏

$$S_N = U_{N2}I_{N2}，\quad I_{N2} = 10000/220\text{A} = 45.5\text{A}$$

设变压器没有内部损耗，则 $S_N = U_{N1}I_{N1}$，求出 $I_{N1} = 10000/3300\text{A} = 3\text{A}$。

4.4.3 变压器的应用

1. 利用变压器变电压原理的应用实例

电压互感器如图 4-8 所示。它属于仪表互感器的一种，它的优点如下：

1）使测量仪表与高压电路分开，以保证工作安全。

2）扩大测量仪表的量程。

注意事项：

1）为了工作安全，电压互感器的铁壳及二次绕组的一端都必须接地。以防高、低压绕组绝缘损坏时，低压绕组和测量仪表对地产生一个高电压，危及工作人员的人身安全。

2）二次绕组不允许短路。如果电压互感器的二次侧在运行中发生短路，二次绕组的阻抗就会大大减小，从而出现很大的短路电流，使二次绕组因严重发热而烧毁，因此在运行中互感器不允许短路。一般电压互感器的二次侧要用熔断器，只有 35kV 及以下的电压互感器中，才在高压侧用熔断器，其目的是当互感器发生短路时把它从高压电路中切断。

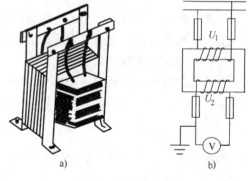

图 4-8 电压互感器
a）构造图 b）接线图

2. 变压器变电流的应用

变压器变电流工作时，一、二次绕组的电流跟绕组的匝数成反比。高压绕组通过的电流小，用较细的导线绕制；低压绕组通过的电流大，用较粗的导线绕制。这是在外观上区别变压器高、低压绕组的方法。

（1）电流互感器

电流互感器如图 4-9 所示。

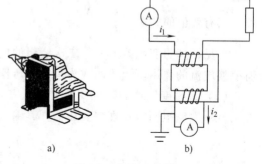

图 4-9 电流互感器
a）构造图 b）接线图

电路基础

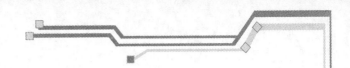

由于 $$\frac{I_1}{I_2} = \frac{N_2}{N_1} = \frac{1}{k} = k_i \qquad (k_i \text{ 称为电流比})$$

所以 $$I_1 = k_i I_2$$

为了安全起见应采取以下措施：

1）电流互感器二次绕组的一端和铁壳必须接地。

2）使用电流互感器时，二次绕组电路是不允许断开的。

电流互感器二次侧不许开路运行。接在电流互感器二次绕组上的仪表线圈的阻抗很小，相当于在二次绕组短路状态下运行。互感器二次绕组端子上电压只有几伏。因而铁心中的磁通量是很小的。一次绕组磁动势虽然可达到几百安或上千安或更大，但是大部分被短路的二次绕组所建立的去磁磁动势所抵消，只剩下很小一部分作为铁心的励磁磁动势以建立铁心中的磁通。如果在运行中二次绕组断开，二次侧电流等于零，那么起去磁作用的磁动势消失，而一次侧的磁动势不变，一次侧被测电流全部成为励磁电流，这将使铁心中磁通量急剧上升，铁心严重发热以致烧坏线圈绝缘，或使高压侧对地短路。另外二次绕组开路会感应出很高的电压，这对操作人员和仪表都是很危险的，所以电流互感器二次侧不许断开。

（2）钳形电流表

钳形电流表是电流互感器的一种变形，如图4-10所示。它的铁心如同一钳形，用弹簧压紧，测量时将钳口压开而引入被测导线，这时该导线就是一次绕组，二次绕组绕在铁心上并与电流表接通。利用钳形电流表可以随时随地测量线路中的电流，不必像普通电流互感器那样必须固定在

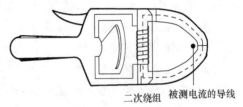

二次绕组　被测电流的导线

图 4-10　钳形电流表

一处，也不必像普通电流表那样在测量时要先断开电路再将一次绕组串接进去。

（3）阻抗变换

如图4-11所示，设变压器一次侧输入阻抗为 $|Z_1|$，二次侧负载阻抗为 $|Z_2|$，则

$$|Z_1| = \frac{U_1}{I_1}$$

将 $U_1 = \frac{N_1}{N_2}U_2$，$I_1 = \frac{N_2}{N_1}I_2$ 代入，得

$$|Z_1| = \left(\frac{N_1}{N_2}\right)^2 \frac{U_2}{I_2}$$

因为 $$\frac{U_2}{I_2} = |Z_2|$$

所以 $$|Z_1| = \left(\frac{N_1}{N_2}\right)^2 |Z_2| = K^2 |Z_2|$$

可见，二次侧接上负载 $|Z_2|$ 时，相当于电源接上阻抗为 $K^2|Z_2|$ 的负载。

在电子电路中，为了提高信号的传输功率和效率，常用变压器将负载阻抗变换为适当的数值，以取得最大的传输功率和效率，这种做法称为阻抗匹配。

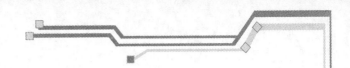

模块四　互感耦合电路的应用

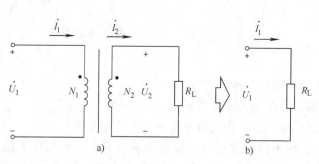

图 4-11　变压器的阻抗变换作用

a）变压器电路　b）等效电路

练习与思考

1. 变压器有什么作用？试举例说明。它能变换功率吗？

2. 已知某收音机输出变压器的一次侧接有一个阻抗为 160Ω 的扬声器，现要改换为 40Ω 的扬声器，问变压器二次侧匝数应变为多少？

3. 变压器如何变电压？

4. 变压器如何变电流？

5. 变压器如何变阻抗？

6. 变压器能否变直流电压？为什么？

习题四

一、填空题

1. 理想变压器二次侧负载阻抗折合到一次侧回路的阻抗 Z_{in} = _____。

2. 当端口电压、电流为_____参考方向时，自感电压取正；若端口电压、电流的参考方向_____，则自感电压为负。

3. 互感电压的正负与电流的_____及_____端有关。

4. 两个具有互感的线圈顺向串联时，其等效电感为_____；它们反向串联时，其等效电感为_____。

5. 两个具有互感的线圈同侧相并时，其等效电感为_____；它们异侧相并时，其等效电感为_____。

6. 理想变压器的理想条件是：①变压器中无_____，②耦合系数 K = _____，③线圈的_____量和_____量均为无穷大。理想变压器具有变换_____特性、变换_____特性和变换_____特性。

7. 理想变压器的电压比 n = _____，全耦合变压器的变压比 n = _____。

8. 当实际变压器的_____很小可以忽略时，且耦合系数 K = _____时，称为_____变压器。这种变压器的_____量和_____量均为有限值。

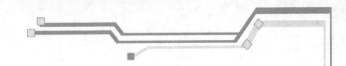

二、判断下列说法的正确与错误

1. 由于线圈本身的电流变化而在本线圈中引起的电磁感应称为自感。 （ ）
2. 任意两个相邻较近的线圈总要存在着互感现象。 （ ）
3. 由同一电流引起的感应电压，其极性始终保持一致的端子称为同名端。 （ ）
4. 两个串联互感线圈的感应电压极性，取决于电流流向，与同名端无关。 （ ）
5. 顺向串联的两个互感线圈，等效电感量为它们的电感量之和。 （ ）
6. 同侧相并的两个互感线圈，其等效电感量比它们异侧相并时的大。 （ ）
7. 通过互感线圈的电流若同时流入同名端，则它们产生的感应电压彼此增强。（ ）

三、单项选择题

1. 两互感线圈顺向串联时，其等效电感量 $L = $（ ）。

A. $L_1 + L_2 - 2M$ 　　　　 B. $L_1 + L_2 + M$ 　　　　 C. $L_1 + L_2 + 2M$

2. 线圈几何尺寸确定后，其互感电压的大小正比于相邻线圈中电流的（ ）。

A. 大小 　　　　 B. 变化量 　　　　 C. 变化率

3. 两互感线圈的耦合系数 $K = $（ ）。

A. $\dfrac{\sqrt{M}}{L_1 L_2}$ 　　　　 B. $\dfrac{M}{\sqrt{L_1 L_2}}$ 　　　　 C. $\dfrac{M}{L_1 L_2}$

4. 两互感线圈同侧相并时，其等效电感量 $L_{同} = $（ ）。

A. $\dfrac{L_1 L_2 - M^2}{L_1 + L_2 - 2M}$ 　　　 B. $\dfrac{L_1 L_2 - M^2}{L_1 + L_2 + 2M^2}$ 　　　 C. $\dfrac{L_1 L_2 - M^2}{L_1 + L_2 - M^2}$

四、简答题

1. 试述同名端的概念。为什么对两互感线圈串联和并联时必须要注意它们的同名端？
2. 何谓耦合系数？什么是全耦合？

五、计算分析题

1. 求如图 4-12 所示电路的等效阻抗。
2. 耦合电感 $L_1 = 6\mathrm{H}$，$L_2 = 4\mathrm{H}$，$M = 3\mathrm{H}$，试计算耦合电感作串联、并联时的各等效电感值。
3. 耦合电感 $L_1 = 6\mathrm{H}$，$L_2 = 4\mathrm{H}$，$M = 3\mathrm{H}$。①若 L_2 短路，求 L_1 端的等效电感值；②若 L_1 短路，求 L_2 端的等效电感值。
4. 电路如图 4-13 所示，求输出电压 U_2。

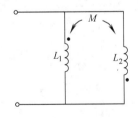

图 4-12　计算题 1 图

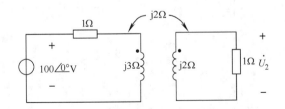

图 4-13　计算题 4 图

计 划 表

学习领域	电 路		学习小组、人数	第　组、　人
学习情境	互感耦合电路的应用		专业、班级	
设计方式	小组讨论、共同制订实施计划			
模块编号 任务序号	计 划 步 骤		使 用 资 源	
计划说明				
计划评语				
	教师签字		组长签字	日期

实　施　表

学习领域	电　　路		学习小组、人数	第　组、　人
学习情境	互感耦合电路的应用		专业、班级	
实施方式	团结协作、共同实施			
模块编号 任务序号	实　施　步　骤		使　用　资　源	
实施说明				
实施评语				
	教师签字		组长签字	日期

检查表

学习领域	电路		学习小组、人数	第组、人
学习情境	互感耦合电路的应用		专业、班级	
序号	检查项目	检查标准		存在问题
1	P4-T1	能应用磁场基本物理量对磁路进行简单分析		
2	P4-T2	能写出铁心线圈的磁通与电压、电流的关系		
3	P4-T2	能画出铁心线圈的等效电路		
4	P4-T2	能对铁心线圈的实际应用进行简单分析		
5	P4-T3	能正确描述和理解互感现象		
6	P4-T3	能写出互感的电压与电流之间的关系		
7	P4-T3	能对互感电路的实际应用进行简单分析		
8	P4-T4	能正确分析出变压器的工作原理		
9	P4-T4	能对变压器的实际应用进行简单分析		
检查评价				
	教师签字		组长签字	日期

评 价 表

学习领域		电　路		学习小组、人数		第　组、人	
学习情境		互感耦合电路的应用		专业、班级			

评价类别	评价内容	评价项目	配　分	P4-（T1～T4）		
				自　评	互　评	教师评价
专业能力	资讯	搜集信息	5			
		引导问题回答				
	计划	计划可执行度	5			
		教材工具安排				
	实施	磁路的基本知识	50			
		铁心线圈				
		互感				
		变压器				
	检查	全面性	5			
		正确性				
社会能力	团结协作	团队精神	10			
		在小组的贡献				
	敬业精神	学习纪律	10			
		爱岗敬业、吃苦耐劳精神				
方法能力	计划能力	计划的正确性	10			
		计划效果				
	决策能力	决策的正确性	5			
		决策效果				
合　计			100			

评价评语	
教师签字	组长签字　　　　日期

反 馈 表

学习领域	电　　路		学习小组、人数	第　组、　人		
学习情境	互感耦合电路的应用		专业、班级			
序号	调查内容			是	否	理由陈述
1	你觉得工学结合、校企合作对你学习有提高吗					
2	你能应用磁场基本物理量对磁路进行分析了吗					
3	你能否写出铁心线圈的磁通与电压、电流的关系					
4	你能否画出铁心线圈的等效电路					
5	你是否能写出互感的电压与电流之间的关系					
6	你是否能正确分析出变压器的工作原理					
7	你能否分析铁心线圈、互感、变压器的实际应用					
8	通过本情境的学习，你能够分析一个互感耦合电路吗					
9	通过本情境的学习，你觉得你的动手能力提高了吗					
10	通过学习，你愿意在业余时间主动看这方面的书籍吗					
11	通过学习，你是否对电路基础应用课程产生了浓厚的兴趣					
12	通过四个情境的学习，你对自己的表现是否满意					
13	本情境学习后，你还有哪些问题不明白，哪些问题需要解决					
14	你是否满意小组成员之间的合作					
15	你认为本情境还应学习哪些方面的内容					

你的意见对改进教学非常重要，请写出你的建议和意见

学生签名		调查时间	

电路基础

模块五

一阶动态电路的分析

在前面的模块中，学习的都是稳态电路，而含有储能组件的电路达到稳态前一般都要经过过渡过程。本模块主要学习换路定律、一阶电路的零输入、零状态响应，一阶电路的三要素法等内容。通过本模块的学习和训练，应了解一阶电路的过渡过程；掌握换路定律和一阶电路响应的分析；学会用一阶电路的三要素法求解全响应。

- 任务一　认识电路的过渡过程与换路定理
- 任务二　一阶电路的响应

任务一　认识电路的过渡过程与换路定理

当电路中含有储能组件且电路的结构或组件参数发生改变时，电路的工作状态将由原来的稳态转换到另一个稳态，这种转变一般说来不是即时完成的，需要经历一个过程，这个过程被称为过渡过程。本任务主要就是通过 RL、RC 串联电路接通直流电压源的简单电路来说明电路的动态过程。

学习目标

↘ 知识目标

1. 理解电路的过渡过程；
2. 掌握换路定律；
3. 学会初始值与新稳态值的计算。

↘ 能力目标

1. 能够理解电路在稳态及暂态时电路的内部变化；
2. 理解换路定理的合理应用。

↘ 素质目标

培养学生运用逻辑思维分析问题和解决问题的能力，培养学生较强的团队合作意识及人际沟通能力，培养学生良好的职业道德和敬业精神，培养学生良好的心理素质和克服困难的能力，培养学生具有较强的口头与书面表达能力。

学习任务书

学习领域	电　　路		学习小组、人数	第　组、　人
学习情境	认识电路的过渡过程与换路定理		专业、班级	
任务内容	T1-1	认识过渡过程		
	T1-2	认识换路定律		
	T1-3	计算初始值和新稳态值		
学习目标	1. 了解电路的过渡过程 2. 理解换路定律 3. 学会计算初始值和新稳态值			
任务描述	给学生一个具体的 RL 串联电路，接通直流电压源，根据这个实际电路认识电路的过渡过程，理解电路在稳态及暂态时电路的内部变化，从而总结出换路定理的内容			
对学生的要求	1. 学生必须了解电路的过渡过程 2. 学生必须理解换路定律 3. 学生必须学会计算初始值和新稳态值 4. 学生必须理解电路的各个物理量及其之间的联系			

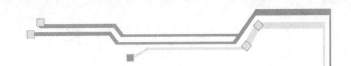
学习领域	电　路	学习小组、人数	第　组、　人
学习情境	认识电路的过渡过程与换路定理	专业、班级	
对学生的要求	5. 会计算电压、电流和电功率 6. 学生必须具有团队合作的精神，以小组的形式完成学习任务 7. 严格遵守课堂纪律，不迟到、不早退、不旷课 8. 学生应树立职业道德意识，并按照企业的质量管理体系标准去学习和工作 9. 完成本情境的工作任务后，需提交计划表、实施表、检查表、评价表和反馈表		

任务资讯

5.1.1 过渡过程

在直流电路、周期电流等电路中，所有响应或者恒定不变，或者按周期规律变动，电路的这种工作状态称为稳定状态，简称稳态。但含有电感、电容的电路若发生电路的接通或切断、激励或组件参数的突变等情况时，电路会从换路前的稳定状态经历一段时间达到新的稳定状态。这种电路从一种稳定状态到达新的稳定状态的中间过程就是电路的过渡过程。

通常，我们把电路中开关的接通、断开或电路参数的突然变化等统称为"换路"。电路产生过渡过程一般需要两个条件：一、电路中要有储能组件；二、电路发生换路。

5.1.2 换路定律

我们研究的是换路后的电路中电压或电流的变化规律，知道了电压、电流的初始值，就能判断换路后的电压、电流是从多大的初始值开始变化的。换路定律是指若电容电压、电感电流为有限值，则 u_C、i_L 不能跃变，即换路前后一瞬间的 u_C、i_L 是相等的，可表达为

$$u_C(0_+) = u_C(0_-)$$

$$i_L(0_+) = i_L(0_-)$$

必须注意：只有 u_C、i_L 受换路定律的约束而保持不变，电路中其他电压、电流都可能发生跃变。

5.1.3 初始值与新稳态值的计算

1. 初始值的计算

换路后瞬间电容电压、电感电流的初始值分别用 $u_C(0_+)$ 和 $i_L(0_+)$ 来表示，它是先利用换路前瞬间 $t = 0_-$ 时刻的电路确定 $u_C(0_-)$ 和 $i_L(0_-)$，再由换路定律得到 $u_C(0_+)$ 和 $i_L(0_+)$ 的值。

电路中其他变量如 i_R、u_R、u_L、i_C 的初始值不遵循换路定律的规律，它们的初始值需由 $t = 0_+$ 时的等效电路来求得。

具体求法是：先画出 $t = 0_+$ 时的等效电路，其中电容用数值为 $u_C(0_+)$ 的电压源代替，

电感用数值为 $i_L(0_+)$ 的电流源代替。然后求解该电路，得出各个待求值。

【例题 5-1】 如图 5-1 所示，开关 S 在 $t=0$ 时闭合，开关闭合前电路已经处于稳定状态，求初始值 $u_C(0_+)$、$i_L(0_+)$、$u_L(0_+)$、$i_C(0_+)$、$i_1(0_+)$ 和 $i_2(0_+)$。

解： 首先应用换路定律求 $u_C(0_+)$、$i_L(0_+)$。换路前，电路已处于稳态，等效电路如图 5-2 所示。

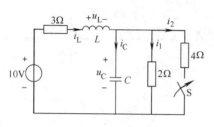 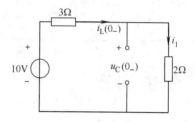

图 5-1　例题 5-1 图　　　　　　　　　图 5-2　等效电路

$$u_C(0_+) = u_C(0_-) = \frac{2}{3+2} \times 10V = 4V$$

$$i_L(0_+) = i_L(0_-) = \frac{10}{3+2}A = 2A$$

再求换路后的各量。将 L、C 用等效电源代替，等效电路如图 5-3 所示。

用叠加定理可得

10V 电压源和 2A 电流源无作用

$$i_1(0_+) = \frac{4}{2}A = 2A$$

同理

$$i_2(0_+) = \frac{4}{4}A = 1A$$

应用 KCL 可得

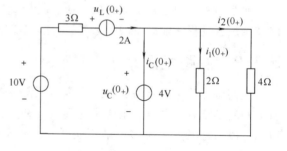

图 5-3　等效电路

$$i_C(0_+) = 2A - 2A - 1A = -1A$$

对最大的回路应用 KVL 可得

$$u_L(0_+) = 10V - 2A \times 3\Omega - 1A \times 4\Omega = 0$$

2. 新稳态值的计算

电路的新稳态值是指电路发生换路后达到新的稳定状态时的电压、电流值，可分别用 $u(\infty)$ 和 $i(\infty)$ 表示，此时电路中电容组件相当于开路，电感组件相当于短路。

 练习与思考

1. 什么是电路的过渡过程？请举例说明。

2. 什么是换路？请举例说明。

3. 换路定律的内容是什么？

4. 什么是电路的初始值？应如何确定？
5. 试简述新稳态值的计算方法。
6. 试简述初始值的计算方法。

任务二　一阶电路的响应

　　电路的动态响应一般是指动态过程中电路中待求的电压或电流。只要该电路是一阶电路，其响应就可以由给定的公式直接求出，不必再列出微分方程去解。本任务就是集中讨论一阶电路的零输入、零状态和全响应的求解过程。

 ## 学习目标

> **知识目标**
> 1. 掌握 RL 电路的零输入响应；
> 2. 掌握 RC 电路的零输入响应；
> 3. 掌握 RL 电路的零状态响应；
> 4. 掌握 RC 电路的零状态响应；
> 5. 了解一阶电路过渡过程响应的基本规律；
> 6. 掌握一阶电路的三要素法。
>
> **能力目标**
> 1. 掌握一阶电路的零输入、零状态响应；
> 2. 能灵活运用一阶电路的三要素法解决全响应问题。

学习任务书

学习领域		电　路	学习小组、人数	第　组、　人
学习情境		一阶电路的响应	专业、班级	
任务内容	T2-1	RC 电路的零输入响应		
	T2-2	RL 电路的零输入响应		
	T2-3	RC 电路的零状态响应		
	T2-4	RL 电路的零状态响应		
	T2-5	一阶电路的三要素法		
学习目标		1. 认识 RC 电路的零输入响应、零状态响应 2. 认识 RL 电路的零输入响应、零状态响应 3. 认识一阶电路，掌握一阶电路的三要素法		
任务描述		给学生一个具体的电路，接通直流电压源，使学生根据这个实际电路分析电路的零输入、零状态和全响应过程，进而能灵活运用一阶电路的三要素法解决全响应问题		

学习领域	电　路	学习小组、人数	第　组、　人
学习情境	一阶电路的响应	专业、班级	
对学生的要求	1. 学生必须理解 RC 电路的零输入响应、零状态响应 2. 学生必须理解 RL 电路的零输入响应、零状态响应 3. 学生必须能够熟练地运用一阶电路的三要素法解决全响应问题 4. 学生必须具有团队合作的精神，以小组的形式完成学习任务		

 任务资讯

当外加激励为零、仅有动态组件初始储能所产生的电流和电压时称为动态电路的零输入响应。

5.2.1 *RC* 电路的零输入响应

如图 5-4 所示的电路中，在 $t<0$ 时开关在位置 1，电容被电压源充电，电路已处于稳态，电容电压 $u_C(0_-)=U_S$。$t=0$ 时，开关扳向位置 2，这样在 $t \geq 0$ 时，电容将对 R 放电，电路中形成电流 i。故 $t>0$ 后，电路中无电源作用，电路的响应均是由电容的初始储能而产生，故属于零输入响应。

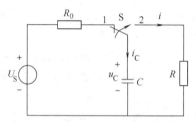

图 5-4　*RC* 电路的零输入响应

换路后，根据 KVL 有
$$u_C + iR = 0$$

将 $i = C\dfrac{\mathrm{d}u_C}{\mathrm{d}t}$ 代入得
$$u_C + RC\dfrac{\mathrm{d}u_C}{\mathrm{d}t} = 0$$

上式是一阶常系数齐次微分方程，利用数学知识求解方程，并将初始条件 $u_C(0_+) = U_S$ 代入，可得
$$u_C = U_S \mathrm{e}^{-\frac{t}{RC}}$$

由电路可知，电阻电压和电容电流分别为
$$u_R = -u_C = -U_S \mathrm{e}^{-\frac{t}{RC}} \quad \text{和} \quad i_C = -\frac{u_R}{R} = \frac{U_S}{R}\mathrm{e}^{-\frac{t}{RC}}$$

由此可见，换路后电容电压 u_C、电容电流的绝对值 $|i_C|$ 和电阻电压 $|u_R|$ 都随时间 t 的变化，分别从各自的初值开始，按指数规律衰减。

由上式可知，电容放电的快慢取决于 RC。令 $\tau = RC$，τ 称为 RC 电路的时间常数。则
$$u_C = U_S \mathrm{e}^{-\frac{t}{\tau}}$$

式中，τ 是一个仅取决于电路的参数的常数，其单位为 s。

5.2.2 *RL* 电路的零输入响应

一阶 *RL* 电路的零输入响应如图 5-5 所示，$t=0_-$ 时开关 S 闭合于位置 1，电路已达稳

电路基础

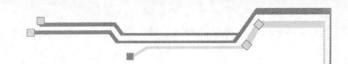

态，电感 L 相当于短路，流过 L 的电流为 $i_L(0_-) = \dfrac{U_S}{R_0}$，故电感储存了磁能。在 $t=0$ 时开关 S 从位置 1 合向位置 2，所以在 $t \geq 0$ 时，电感 L 储存的磁能将通过电阻 R 放电，在电路中产生电流和电压。由于 $t>0$ 后，放电回路中的电流及电压均是由电感 L 的初始储能产生的，所以为零输入响应。

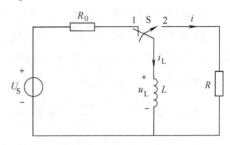

图 5-5　RL 电路的零输入响应

根据 KVL 方程有 $\qquad u_L + u_R = 0$

将 $u_L = L\dfrac{\mathrm{d}i_L}{\mathrm{d}t}$ 代入得 $\qquad L\dfrac{\mathrm{d}i_L}{\mathrm{d}t} + iR = 0$，$i = i_L$，

即 $\dfrac{L\mathrm{d}i_L}{R\mathrm{d}t} + i_L = 0$

此方程是一个关于 i_L 的一阶常系数齐次微分方程，利用数学知识求解方程，并将初始条件 $i_L(0_+) = \dfrac{U_S}{R_0}$ 代入，可得

$$i_L = \dfrac{U_S}{R_0}\mathrm{e}^{-\frac{t}{L/R}}$$

由电路可知，电阻电压和电感电流分别为

$$u_R = Ri_L = \dfrac{U_S}{R_0}R\mathrm{e}^{-\frac{t}{L/R}} \text{ 和 } u_L = -u_R = \dfrac{-U_S}{R_0}R\mathrm{e}^{-\frac{t}{L/R}}$$

由此可见，换路后流过电感的电流 i_L 和电阻两端的电压的绝对值 $|u_R|$ 都随时间 t 的变化分别从各自的初始值开始，按指数规律衰减。

与 RC 电路同理，令 $\tau = \dfrac{L}{R}$，τ 称为 RL 电路的时间常数。则上式可表示为

$$i_L = \dfrac{U_S}{R_0}\mathrm{e}^{-\frac{t}{\tau}}$$

【例题 5-2】 如图 5-6 所示电路，在 $t=0$ 时开关 S 从 a 合向 b，闭合开关之前电路已达稳态。求 $u_C(t)$。

解： 由题意可知，此电路的暂态过程中不存在独立源，因此是零输入响应电路。首先根据换路前的电路求出电容电压为

$$u_C(0_-) = U_S = 126\text{V}$$

图 5-6　例题 5-2 图

根据换路定律可得初始值为

$$u_C(0_+) = u_C(0_-) = 126\text{V}$$

换路后，126V 电源及 10kΩ 电阻被开关短路，因此电路的时间常数

$$\tau = 3 \times 10^3 \times 100 \times 10^{-6}\text{s} = 0.3\text{s}$$

代入零输入响应公式后可得

$$u_C(t) = 126\mathrm{e}^{-3.33t}\text{V}$$

模块五　一阶动态电路的分析

5.2.3　RC 电路的零状态响应

在激励作用之前，电路的初始储能为零，仅由激励引起的响应叫零状态响应。

如图 5-7 所示的一阶 RC 电路，电容先未充电，$t=0$ 时开关闭合，电路与激励源 U_S 接通，在 S 闭合瞬间，电容电压不会跃变。

由换路后的 KVL 方程有　　　　　　$u_R + u_C = U_S$

将 $u_R = Ri_C$、$i_C = C\dfrac{du_C}{dt}$ 代入可得　　　$RC\dfrac{du_C}{dt} + u_C = U_S$

此方程为一阶常系数非齐次微分方程，利用数学知识求解，并将初始条件 $u_C(0_+)=0$ 代入，可得

$$u_C = U_S(1 - e^{-\frac{t}{RC}})$$

而电容电流　　　　$i_C = C\dfrac{du_C}{dt} = \dfrac{U_S}{R} e^{-\frac{t}{RC}}$

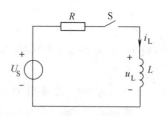

与零输入响应同理，也令 $\tau = RC$，τ 称为 RC 电路的时间常数，则

$$u_C = U_S(1 - e^{-\frac{t}{\tau}})$$

图 5-7　RC 电路的零状态响应

5.2.4　RL 电路的零状态响应

如图 5-8 所示的一阶 RL 电路，$t<0$ 时，电感 L 中的电流为零。$t=0$ 时开关 S 闭合，电路与激励接通，在 S 闭合瞬间，电感电流不会跃变。

由 KVL 有　　　　　　$u_R + u_L = U_S$

将 $u_R = Ri_L$、$u_L = L\dfrac{di_L}{dt}$ 代入可得　　　$i_L + \dfrac{L di_L}{R dt} = \dfrac{U_S}{R}$

此方程是一个关于 i_L 的一阶常系数非齐次微分方程，利用数学知识求解，并将初始条件 $i_L(0_+)=0$ 代入，可得　　　$i_L = \dfrac{U_S}{R}(1 - e^{-\frac{t}{L/R}})$

电感电压为 $u_L = L\dfrac{di_L}{dt} = U_S e^{-\frac{t}{\tau}}$

同理，可令 $\tau = \dfrac{L}{R}$，称为 RL 电路的时间常数，

则上式可表示为

$$i_L = \dfrac{U_S}{R}(1 - e^{-\frac{t}{\tau}})$$

图 5-8　RL 电路的零状态响应

【例题 5-3】如图 5-9 所示，填写表 5-1，在你认为满足连接要求的格子里填"＊"符号。

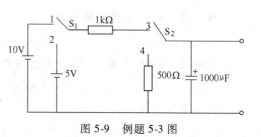

图 5-9　例题 5-3 图

表 5-1 例题 5-3 表

电路状态	触点开关	第一步				第二步			
		1	2	3	4	1	2	3	4
零输入	S_1						*		
	S_2				*			*	
	S_1								
	S_2								
零状态	S_1								
	S_2								
	S_1								
	S_2								
全响应	S_1								
	S_2								
	S_1								
	S_2								

计算图 5-9 所示电路的充放电时间常数 $\tau_1 =$ _____ ； $\tau_2 =$ _____ 。

5.2.5 一阶电路

一阶电路：仅含有一个储能组件（电容或电感）的电路。一阶电路的过渡过程可用一阶微分方程来描述。

对于线性定常数的 RC 串联电路，其微分方程为（输入开始时计时）

$$RC\frac{\mathrm{d}U_\mathrm{C}}{\mathrm{d}t} + U_\mathrm{C} = U_\mathrm{S} \qquad (t \geqslant 0)$$

和

$$U_{\mathrm{C}(t)}\mid_{t=0} = U_0$$

式中 U_S——具有任意波形的输入电压；

U_0——电路的初始状态的电压；

该电路响应是其零输入响应和零状态响应之和。

5.2.6 零输入响应

零输入响应：电路在无激励情况下，由储能组件的初始状态引起的响应。

一阶 RC 电路：
$$U_\mathrm{C} + RC\frac{\mathrm{d}U_\mathrm{C}}{\mathrm{d}t} = 0 \qquad (t \geqslant 0)$$

初始条件：
$$U_{\mathrm{C}(0)} = U_0$$

解微分方程得：电容器上电压和电流随时间变化规律为

$$U_{\mathrm{C}(t)} = U_0 \mathrm{e}^{-\frac{1}{RC}t}$$

$$i_{\mathrm{C}(t)} = \frac{U_0}{R}\mathrm{e}^{\frac{1}{RC}t}, \quad (t \geqslant 0)$$

令 $\tau = RC$，称为 RC 串联电路的时间常数，τ 的大小反映一阶电路过渡过程的进展速度。

5.2.7 零状态响应

零状态响应：所有储能组件初始值为零的电路对激励的响应。

一阶 RC 电路：
$$RC \frac{\mathrm{d}U_c}{\mathrm{d}t} + U_c = U_s, \quad t \geqslant 0$$

初始条件：
$$U_{c(0)} = 0$$

解微分方程得：电容器上电压和电流随时间变化的规律为
$$U_c = U_s (1 - \mathrm{e}^{-\frac{t}{\tau}})$$
$$i = \frac{U_s}{R} \mathrm{e}^{-\frac{t}{\tau}}$$

式中，$\tau = RC$ 为时间常数。

5.2.8 一阶电路三要素法

在一阶电路中，如果储能组件的初始储能不为零，电路在外加激励的作用下产生的响应称为一阶电路的全响应。从电路的能量供给角度来看，一阶电路的全响应，是由储能组件的初始储能产生的零输入响应和外加激励产生的零状态响应叠加而成，可表示为

全响应 = 零输入响应 + 零状态响应

因此，在计算全响应时，可先计算储能组件的初始储能产生的零输入响应分量，然后应用叠加定理求得全响应。为了简化分析过程，方便计算，在此引入另外一种方法：一阶电路的三要素法。

设 $f(t)$ 表示电路的全响应，则

$f(0_+)$ 表示该电压或电流的初始值，$f(\infty)$ 表示响应的稳定值，τ 表示电路的时间常数，则电路的响应可表示为
$$f(t) = f(0_+) \mathrm{e}^{-\frac{t}{\tau}} + f(\infty)(1 - \mathrm{e}^{-\frac{t}{\tau}})$$

整理得
$$f(t) = f(\infty) + [f(0_+) - f(\infty)] \mathrm{e}^{-\frac{t}{\tau}}$$

由上式可见，全响应 $f(t)$ 是由初始值 $f(0_+)$、新稳态值 $f(\infty)$ 和时间常数 τ 三个因素确定的。因此初始值 $f(0_+)$、新稳态值 $f(\infty)$ 和时间常数 τ 称为一阶电路的三要素，上式称为三要素公式，利用已计算出的三要素代入公式求解一阶电路的全响应的方法称为一阶电路的三要素法。

一阶电路的三要素法解题的一般步骤如下：

1）根据换路前 $t = 0_-$ 时的等效电路。求出电容电压 $u_c(0_-)$ 或电感电流 $i_L(0_-)$。

2）利用换路定理求出电容电压 $u_c(0_+)$ 或电感电流 $i_L(0_+)$，根据换路瞬间 $t = 0_+$ 时的等效电路，求出各电流或电压的初始值 $f(0_+)$。

3）根据 $t = \infty$ 时的稳态等效电路（稳态时电容相当于开路，电感相当于短路），求出新稳态值 $f(\infty)$。

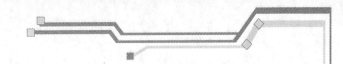

4）求出电路的时间常数 τ（$\tau = RC$ 或 $\tau = \dfrac{L}{R}$）。求等效电阻的方法：将电路除源，将储能组件拿开，从拿开储能组件断开的端口看进去，按串并联规律，求出等效电阻，即与戴维南等效电阻的求法一样。若由于换路使某电阻短接或断路，则该电阻等效去除。

根据所求得的三要素，代入上式即可得所求的响应的表达式。

【例题 5-4】 在图 5-10 所示电路中，$R_1 = 6\Omega$，$R_2 = 2\Omega$，$L = 0.2H$，$U_S = 12V$，换路前电路已达稳态。$t = 0$ 时开关 S 闭合，求响应 $i_L(t)$，并求出电流达到 4.5A 时需用的时间。

解：响应 $i_L(t)$ 的初始值、稳态值及时间常数分别为

$$i_L(0_+) = i_L(0_-) = \frac{12}{6+2}A = 1.5A$$

$$\tau = \frac{L}{R_2} = \frac{0.2}{2}s = 0.1s$$

$$i_L(\infty) = \frac{12}{2}A = 6A$$

应用三要素法求得响应为

$$i_L(t) = (6 - 4.5e^{-10t})A$$

电流达到 4.5A 时所需用的时间根据响应式可求得，即

$$\because 4.5 = 6 - 4.5e^{-10t}$$

$$\therefore -10t = \ln\left(\frac{6-4.5}{4.5}\right)$$

$$t = -0.1\ln\frac{6-4.5}{4.5}s \approx 0.1099s$$

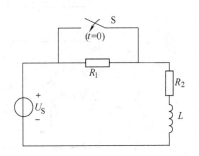

图 5-10　例题 5-4 图

【例题 5-5】 如图 5-11 所示电路，$t = 0$ 时开关 S_1 闭合，S_2 打开，$t < 0$ 时电路已达稳态，求 $t \geq 0$ 时的电流 $i(t)$。

解：运用三要素法

求 $i(0_+)$，先求 $u_C(0_-)$，等效电路如图 5-12a 所示。

再用换路定律求 $u_C(0_+)$ 得

$$u_C(0_+) = u_C(0_-) = \frac{3}{1+3} \times 8V = 6V$$

求 $i(0_+)$ 的等效电路如图 5-12b 所示，则

$$i(0_+) = \frac{6}{3}A = 2A$$

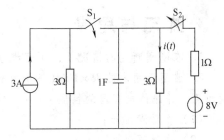

图 5-11　例题 5-5 图

求 $i(\infty)$，电容开路，S_2 打开，S_1 闭合，等效电路如图 5-12c 所示。

两电阻分流得

$$i(\infty) = \frac{3}{3+3} \times 3A = 1.5A$$

求时间常数 τ，将电流源断路处理，把电容拿掉，从拿掉电容后的端口看进去，两个电阻并联，等效电路如图 5-12d 所示，则

$$\tau = RC = (3//3) \times 1\mathrm{s} = 1.5\mathrm{s}$$

由三要素式

$$f(t) = f(\infty) + [f(0_+) - f(\infty)] e^{\frac{t}{-\tau}}$$

得到

$$i(t) = 1.5\mathrm{A} + (2 - 1.5) e^{-\frac{t}{1.5}} \mathrm{A} = (1.5 + 0.5 e^{-0.67t}) \mathrm{A}$$

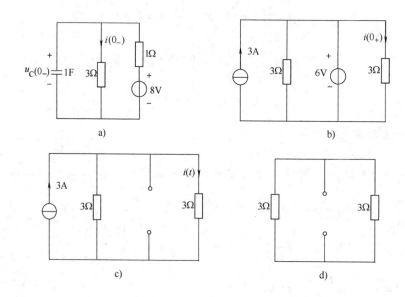

图 5-12　例题 5-5 图

 练习与思考

1. 在刚刚断电的情况下，不宜维修含有大量电容的电器设备，试解释原因。

2. 常用万用表的 $R \times 1000$ 档来检查较大容量电容器的性能，请解释以下检测时发生的现象，并评估电容器的性能。

(1) 指针满偏转；

(2) 指针不动；

(3) 指针很快偏转后又返回原刻度；

(4) 指针偏转后不能返回原刻度处；

(5) 指针偏转后慢慢地返回原刻度处。

3. 电路如图 5-13 所示，开关 S 原处于闭合状态，$t = 0$ 时打开。试求 $u_C(t)$。

4. 如图 5-14 所示，开关 S 原在位置 1，且电路已达稳态。$t = 0$ 时开关由 1 合向 2，试求 $t \geqslant 0$ 时的 $u_C(t)$、$i(t)$。

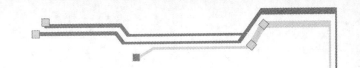

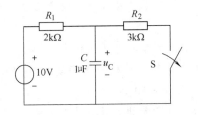

图 5-13　习题 3 图

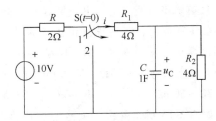

图 5-14　习题 4 图

 习题五

一、填空题

1. _____态是指从一种_____态过渡到另一种_____态所经历的过程。

2. 换路定律指出：在电路发生换路后的一瞬间，_____组件上通过的电流和_____组件上的端电压，都应保持换路前一瞬间的原有值不变。

3. 换路前，动态组件中已经储有原始能量。换路时，若外激励等于_____，仅在动态组件_____作用下所引起的电路响应，称为_____响应。

4. 只含有一个_____组件的电路可以用_____方程进行描述，因而称作一阶电路。仅由外激励引起的电路响应称为一阶电路的_____响应；只由组件本身的原始能量引起的响应称为一阶电路的_____响应；既有外激励、又有组件原始能量的作用所引起的电路响应叫做一阶电路的_____响应。

5. 一阶 RC 电路的时间常数 $\tau =$ _____；一阶 RL 电路的时间常数 $\tau =$ _____。时间常数 τ 的取值决定于电路的_____和_____。

6. 一阶电路全响应的三要素是指待求响应的_____值、_____值和_____。

7. 由时间常数公式可知，RC 一阶电路中，C 一定时，R 值越大过渡过程进行的时间就越_____；RL 一阶电路中，L 一定时，R 值越大过渡过程进行的时间就越_____。

8. 在电路中，电源的突然接通或断开，电源瞬时值的突然跳变，某一组件的突然接入或被移去等，统称为_____。

二、判断下列说法的正确与错误

1. 换路定律指出：电感两端的电压是不能发生跃变的，只能连续变化。　　　　（　　）

2. 换路定律指出：电容两端的电压是不能发生跃变的，只能连续变化。　　　　（　　）

3. 一阶电路的全响应，等于其稳态分量和暂态分量之和。　　　　（　　）

4. 一阶电路中所有的初始值，都要根据换路定律进行求解。　　　　（　　）

5. RL 一阶电路的零状态响应，u_L 按指数规律上升，i_L 按指数规律衰减。　　　　（　　）

6. RC 一阶电路的零状态响应，u_C 按指数规律上升，i_C 按指数规律衰减。　　　　（　　）

7. RL 一阶电路的零输入响应，u_L 按指数规律衰减，i_L 按指数规律衰减。　　　　（　　）

8. RC 一阶电路的零输入响应，u_C 按指数规律上升，i_C 按指数规律衰减。　　　　（　　）

三、单项选择题

1. 动态组件的初始储能在电路中产生的零输入响应中（　　）。

A. 仅有稳态分量　　　B. 仅有暂态分量　　　C. 既有稳态分量，又有暂态分量

2. 在换路瞬间，下列说法中正确的是（　）。

A. 电感电流不能跃变　　B. 电感电压必然跃变　　C. 电容电流必然跃变

3. 工程上认为 $R = 25\Omega$、$L = 50\text{mH}$ 的串联电路中发生暂态过程时将持续（　）

A. $30 \sim 50\text{ms}$　　　　B. $37.5 \sim 62.5\text{ms}$　　　　C. $6 \sim 10\text{ms}$

4. 如图 5-15 所示电路，换路前已达稳态，在 $t = 0$ 时断开开关 S，则该电路（　）

A. 电路有储能组件 L，要产生过渡过程

B. 电路有储能组件且发生换路，要产生过渡过程

C. 因为换路时组件 L 的电流储能不发生变化，所以该电路不产生过渡过程。

5. 如图 5-16 所示电路已达稳态，现增大 R 值，则该电路（　）

A. 因为发生换路，要产生过渡过程

B. 因为电容 C 的储能值没有变，所以不产生过渡过程

C. 因为有储能组件且发生换路，要产生过渡过程

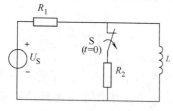

图 5-15　单选题 4 图

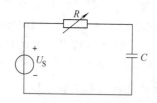

图 5-16　单选题 5 图

6. 如图 5-17 所示电路在开关 S 断开之前电路已达稳态，若在 $t = 0$ 时将开关 S 断开，则电路中 L 上通过的电流 $i_L(0_+)$ 为（　）

A. 2A　　　　　　　B. 0A　　　　　　　C. -2A

7. 如图 5-17 所示电路，在开关 S 断开时，电容 C 两端的电压为（　）

A. 10V　　　　　　B. 0V　　　　　　C. 按指数规律增加

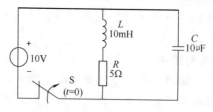

图 5-17　单选题 6、7 图

四、简答题

1. 何谓电路的过渡过程？包含有哪些组件的电路存在过渡过程？

2. 什么叫换路？在换路瞬间，电容器上的电压初始值应等于什么？

3. 在 RC 充电及放电电路中，怎样确定电容器上的电压初始值？

4. "电容器接在直流电源上是没有电流通过的"这句话确切吗？试完整地说明。

5. RC 充电电路中，电容器两端的电压按照什么规律变化？充电电流又按什么规律变

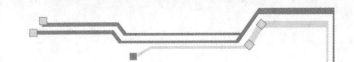

化？ RC 放电电路呢？

6. RL 一阶电路与 RC 一阶电路的时间常数相同吗？其中的 R 是指某一电阻吗？

7. RL 一阶电路的零输入响应中，电感两端的电压按照什么规律变化？电感中通过的电流又按什么规律变化？ RL 一阶电路的零状态响应呢？

8. 通有电流的 RL 电路被短接，电流具有怎样的变化规律？

9. 怎样计算 RL 电路的时间常数？试用物理概念解释：为什么 L 越大、R 越小则时间常数越大？

五、计算分析题

1. 电路如图 5-18 所示。开关 S 在 $t=0$ 时闭合，则 $i_L(0_+)$ 为多大？

2. 求图 5-19 所示电路中开关 S 在 "1" 和 "2" 位置时的时间常数。

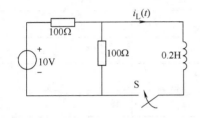

图 5-18　计算题 1 图

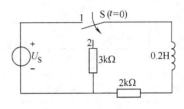

图 5-19　计算题 2 图

3. 如图 5-20 所示电路换路前已达稳态，在 $t=0$ 时将开关 S 从 1 换到 2，试求 $u_C(t)$ 和 $i(t)$。

4. 求如图 5-21 所示电路中各支路电流的全响应。

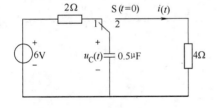

图 5-20　计算题 3 图

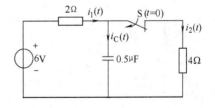

图 5-21　计算题 4 图

5. 如图 5-22 所示电路换路前已达稳态，在 $t=0$ 时将开关 S 闭合，试求 $i_L(t)$。

6. 如图 5-23 所示电路换路前已达稳态，在 $t=0$ 时将开关 S 打开，试求 $u_C(t)$。

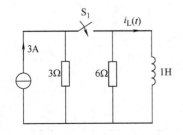

图 5-22　计算题 5 图

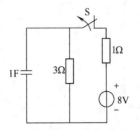

图 5-23　计算题 6 图

模块五　一阶动态电路的分析

计 划 表

学习领域	电 路	学习小组、人数	第 组、 人
学习情境	一阶动态电路的分析	专业、班级	
设计方式	小组讨论、共同制订实施计划		

模块编号 任务序号	计 划 步 骤	使 用 资 源

计划说明	

计划评语	

教师签字		组长签字		日期	

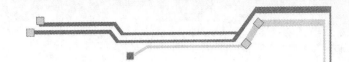

实　施　表

学习领域	电　　路		学习小组、人数	第　组、　人
学习情境	一阶动态电路的分析		专业、班级	
实施方式	团结协作、共同实施			
模块编号 任务序号	实施步骤		使用资源	
实施说明				
实施评语				
教师签字		组长签字		日期

检 查 表

学习领域	电 路			学习小组、人数	第 组、 人
学习情境	一阶动态电路的分析			专业、班级	
序号	检查项目	检查标准			存在问题
1	P5-T1	能准确描述电路的过渡过程			
2	P5-T1	能说出换路定理的内容			
3	P5-T1	会计算初始值及新稳态值			
4	P5-T2	能明确 RC 电路的零输入响应			
5	P5-T2	能明确 RC 电路的零状态响应			
6	P5-T2	能明确 RL 电路的零输入响应			
7	P5-T2	能明确 RL 电路的零状态响应			
8	P5-T2	对一阶电路有整体系统的认识			
9	P5-T2	能描述一阶电路的三要素法			
10	P5-T2	能运用一阶电路的三要素法解决全响应问题			
检查评价					
	教师签字		组长签字		日期

电路基础

<h1 style="text-align:center">评 价 表</h1>

学习领域		电 路		学习小组、人数		第 组、 人		
学习情境		一阶动态电路的分析		专业、班级				
评价类别	评价内容	评价项目	配 分	P5-(T1～T2)				
				自 评		互 评		教 师 评 价
专业能力	资讯	搜集信息	5					
		引导问题回答						
	计划	计划可执行度	5					
		教材工具安排						
	实施	认识电路的过渡过程和换路定律	50					
		一阶电路的响应						
	检查	全面性	5					
		正确性						
社会能力	团结协作	团队精神	10					
		在小组的贡献						
	敬业精神	学习纪律	10					
		爱岗敬业、吃苦耐劳精神						
方法能力	计划能力	计划的正确性	10					
		计划效果						
	决策能力	决策的正确性	5					
		决策效果						
合 计			100					

评价评语	
教师签字	组长签字	日期

模块五　一阶动态电路的分析

反馈表

学习领域	电路		学习小组、人数		第　组、　人	
学习情境	一阶动态电路的分析		专业、班级			
序号	调查内容		是	否	理由陈述	
1	你觉得工学结合、校企合作对你学习有提高吗					
2	你掌握了电路的过渡过程的相关知识吗					
3	你能说出换路定律的内容吗					
4	你是否会计算初始值和新稳态值					
5	你是否掌握一阶电路的含义					
6	你是否会用三要素法计算一阶电路					
7	通过本情境的学习，你能够分析一个一般电路吗					
8	通过本情境的学习，你觉得你的动手能力提高了吗					
9	通过学习，你愿意在业余时间主动去看这方面的参考书吗					
10	通过学习，你是否对电路基础应用课程产生了浓厚的兴趣					
11	通过两个情境的学习，你对自己的表现是否满意					
12	本情境学习后，你还有哪些问题不明白，哪些问题需要解决					
13	你是否满意小组成员之间的合作					
14	你认为本情境还应学习哪些方面的内容					

你的意见对改进教学非常重要，请写出你的建议和意见

学生签名		调查时间	

電路基础

参 考 文 献

[1] 邱关源. 电路 [M]. 北京：高等教育出版社，1988.

[2] 蔡元宇. 电路及磁路 [M]. 北京：高等教育出版社，1983.

[3] 谭思鼎. 电工基础 [M]. 北京：高等教育出版社，1988.

[4] 周长源. 电路理论基础 [M]. 北京：高等教育出版社，1985.

[5] 江泽佳. 电路原理 [M]. 北京：人民教育出版社，1982.

[6] 徐国凯. 电路原理 [M]. 北京：机械工业出版社，1997.

[7] 李翰荪. 电路分析 [M]. 北京：中央广播电视大学出版社，1985.

[8] 愈大光. 电工基础（修订本）[M]. 北京：高等教育出版社，1984.

[9] 周欣荣. 电路理论（现代部分）[M]. 北京：机械工业出版社，1990.

[10] 胡翔骏. 电路基础 [M]. 北京：高等教育出版社，1995.

[11] 孔凡才. 自动控制系统及应用 [M]. 北京：机械工业出版社，1994.

[12] 周守昌. 电路原理 [M]. 北京：高等教育出版社，1999.